佐々木淳子（ささきじゅんこ）

ある日、すずめがやって来た。

イースト・プレス

もくじ

子どものころ

大人になったら…

すずめは野鳥で、鳥獣保護法によって保護されています。
本書内では、やむなくすずめを保護しましたが、
飼養することを推奨するものではありません。
傷病すずめを捕獲・保護・飼養するためには、
都道府県などの許可が必要となります。
野生の鳥獣への対応は自治体によって異なりますので、
傷ついた野生の鳥獣を保護した場合は、
各自治体へ問い合わせをして、対応を求めてください。

子どものころ

ご挨拶

うちには茶色い天使がいました

『うちで一番偉いんだよね』と母は言いました

えー わたくし佐々木淳子と申します

22歳から細々とマンガの仕事をやっております

よろしくお願い申し上げます

こちらは母
団子とたい焼きの
お店をやって
おりました
寿々屋
サラリーマン
だった父は
たいやき
あんこ
クリーム
母のお店を
手伝った後
1998年に
亡くなり
ました

母は脳梗塞で
倒れてから
50年続けた
お店を
81歳でやめ
…た途端
ちょっと認知症
入っちゃいまして
少々
介助が必要
です

弟も私も結婚せず
出ても行かず
それぞれの仕事をして
ひとつ屋根の下
――そんな
3人家族で
あります
☆イラストはイメージです。

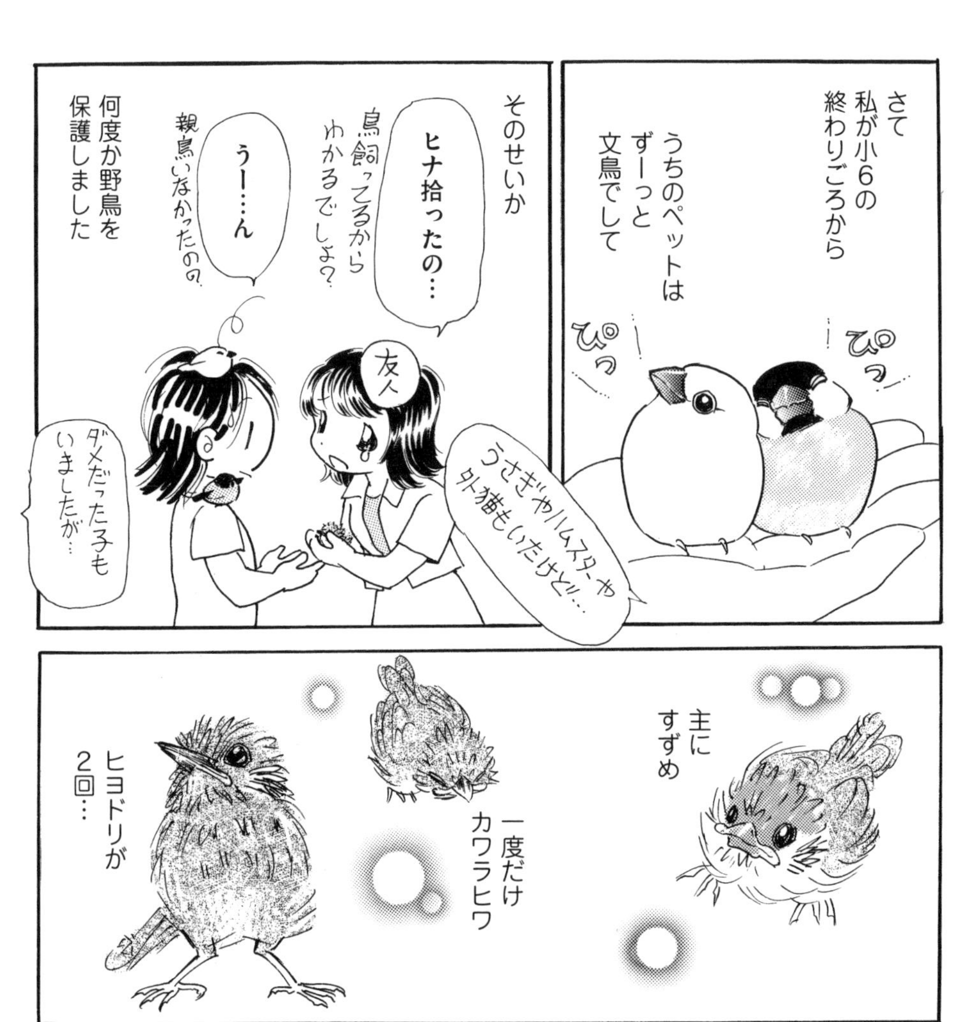

さて
私が小6の
終わりごろから
うちのペットは
ずーっと
文鳥でして
ぴっ
ぴっ
うさぎやハムスターや
外猫もいたけど…
そのせいか
ヒナ拾ったの…
鳥飼ってるから
わかるでしょ？
友人
うー…ん
親鳥いなかったの？
何度か野鳥を
保護しました
ダメだった子も
いましたが…
主に
すずめ
一度だけ
カワラヒワ
ヒヨドリが
2回…

ごはんをやって
少し育ったら
放しました
ぱた ぱた
——野鳥は
飼っちゃいけない
ものね…

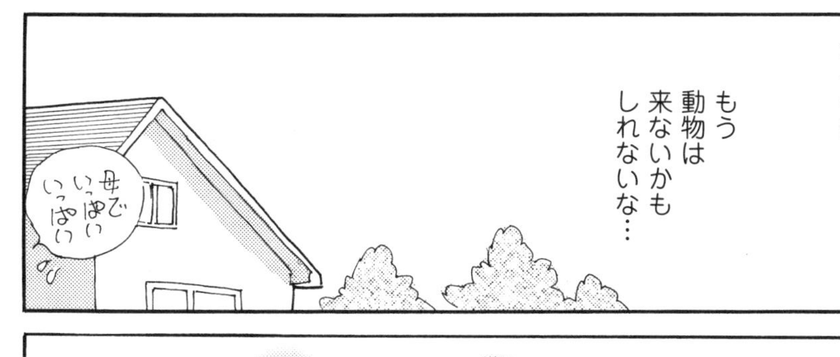

ここ数年は
そんなふうに
思ってました…

この
茶色い天使が
うちに来る
までは…

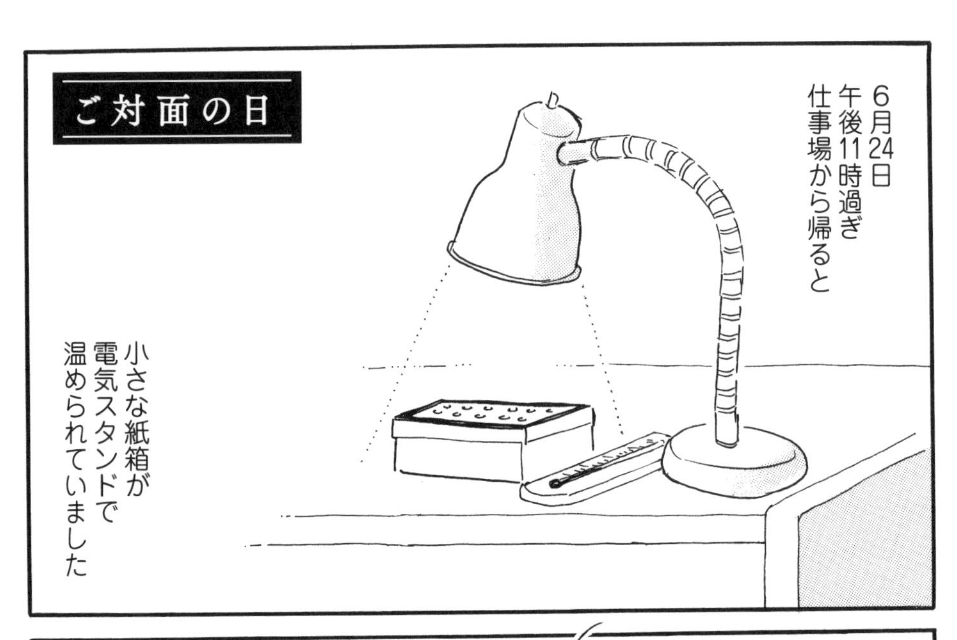
ご対面の日
6月24日
午後11時過ぎ
仕事場から帰ると
小さな紙箱が
電気スタンドで
温められていました

——これは
何か保護したな！
大変なんだぞー
育てるの…
つらいんだぞー
自然に帰すの…
めんどくせー

…今度は
何？
…すずめ
——すずめは
20何年ぶり？
弟

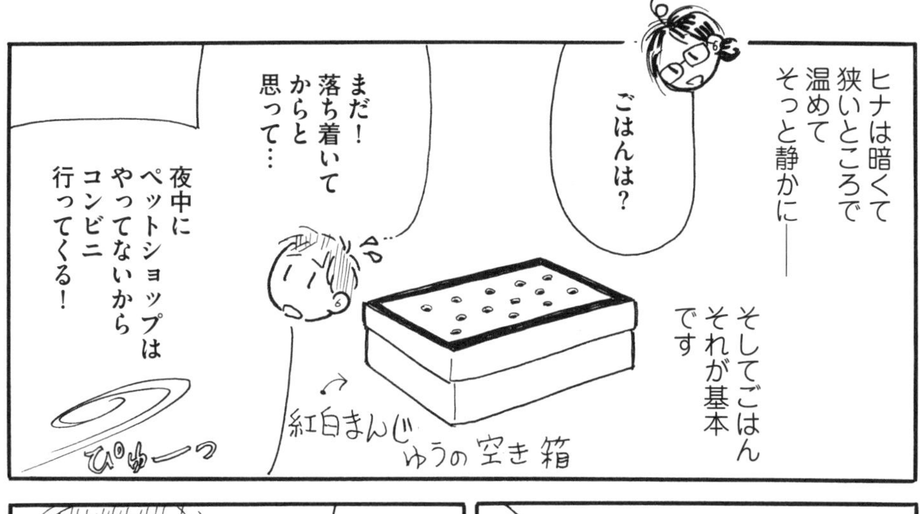
ヒナは暗くて
狭いところで
温めて
そっと静かに――
そしてごはん
それが基本
です
ごはんは?
まだ！
落ち着いて
からと
思って…
紅白まんじゅうの空き箱
夜中に
ペットショップは
やってないから
コンビニ
行ってくる！
ぴゅーっ

緊急ごはん
カロリーメイトの
牛乳練り！
割りばしを
カッターで削って
エサやり棒を
作ります

準備OK！
箱あけるよ
どき
どき
大丈夫かな…
生きてるかな

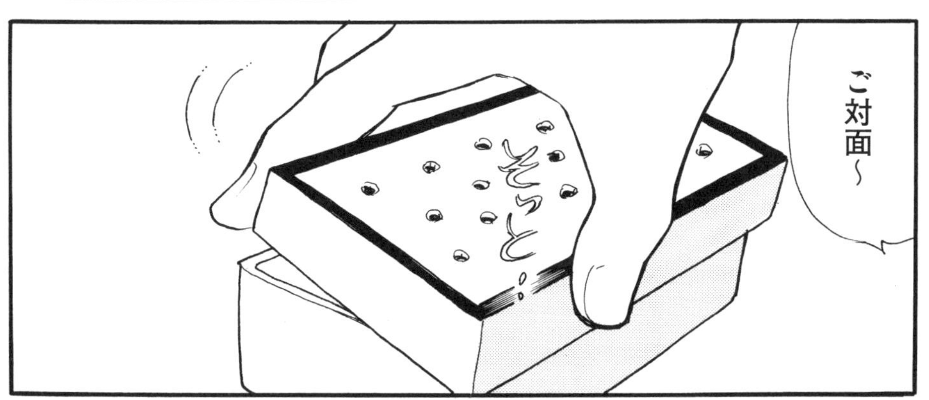
ご対面～
そ～っ

目に飛び込んできたのは
真っ黄色のでっかいはみ出たくちばし!!

かっ可愛い〜っ何これ♡
…だからすずめ…
見りゃわかんだろ

何か違う♡特別黄色い♡特別鮮やか♡
普通だよ
思い出は色褪せたのか?
…

大きくつぶらな瞳!私を見てブワッとふくらんだ赤茶色の頭!
ぶわっ
よらばきる…
わ〜ダメだひとめぼれ♡

やだなー
トサカ立ててる
威嚇のつもり!?
今まで
こんな子
いたっけーの?

とにかく
ごはん
だろ~

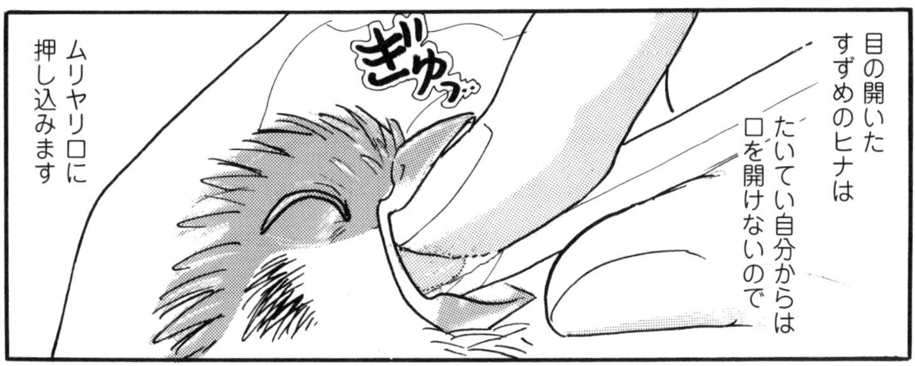
目の開いた
すずめのヒナは
たいてい自分からは
口を開けないので
ぎゅっ
ムリヤリ口に
押し込みます

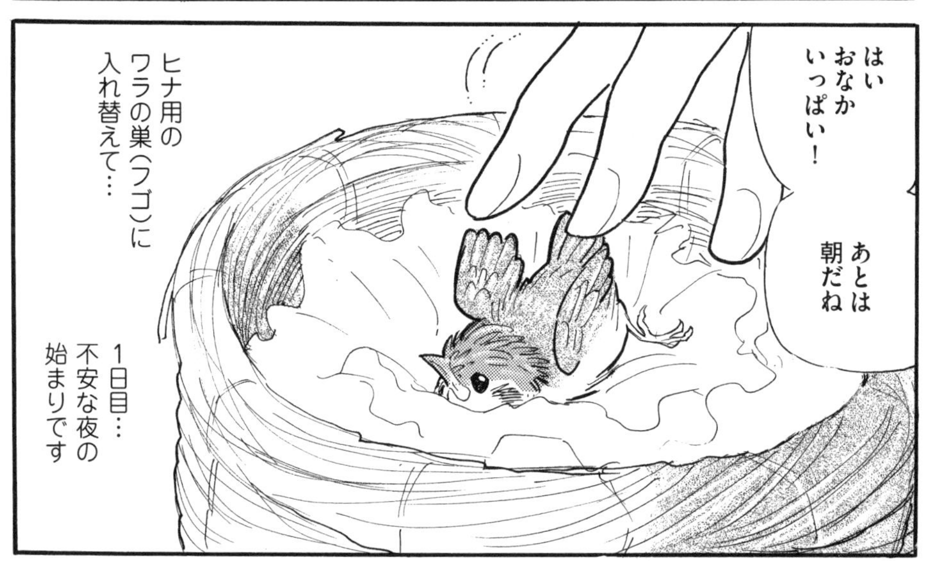
はい
おなか
いっぱい!
あとは
朝だね
ヒナ用の
ワラの巣(フゴ)に
入れ替えて…
1日目…
不安な夜の
始まりです

ヒナを確保

大丈夫かなぁ
巣立ち直前にしては小さいし…
…この子どうしたの？

自動車
友達の自動車整備工場の3階を
写真の撮影スタジオに借りてるんだけどさー

今日撮影をしていたらその友達が
今すずめのヒナがいるんだよねー
作業所の天井に巣があってさー

今朝
床にゴミが
落ちてたんで

拾おうと
したら
カサ
カサ
カサ
ゴミが
逃げた！

よく見たら
ちっぽけな
ヒナ

親鳥にわかるように
段ボールに入れて
見せてる！
…なら
大丈夫だね

でも撮影が終わって
夜帰ろうとすると…
おつかれー
ヒナ
どうなった？
…親鳥
来なかった
よ

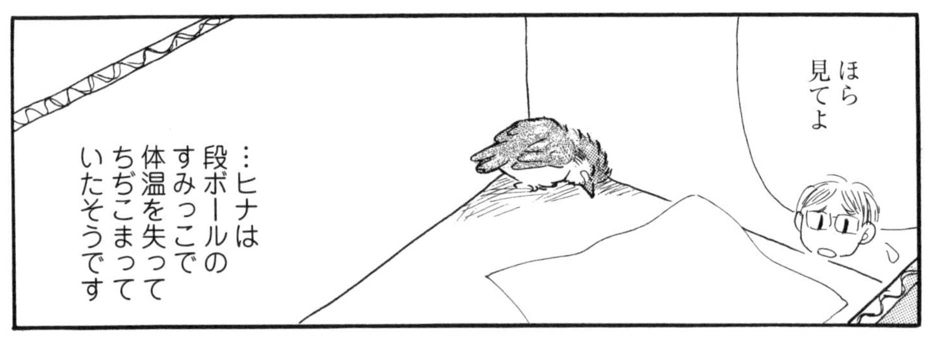
ほら
見てよ
…ヒナは
段ボールの
すみっこで
体温を失って
ちぢこまって
いたそうです

あーもうこれ
ダメだな
少し前にムクドリを
保護して
ダメだったって…
…とりあえず
持って帰るよ

車でうちに
戻るまで
20分ほど
♪
アシストさん
弟はずーっと
ヒナを手の中で
温めていた
そうです

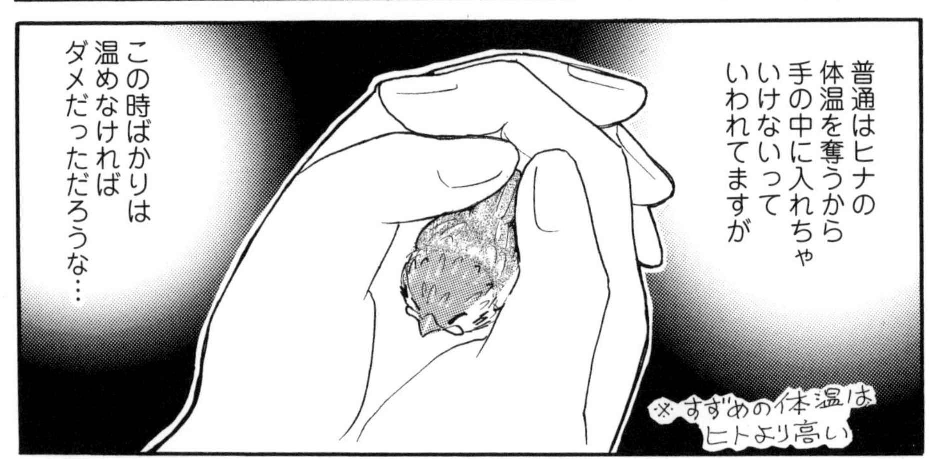
普通はヒナの
体温を奪うから
手の中に入れちゃ
いけないって
いわれてますが
この時ばかりは
温めなければ
ダメだっただろうな…
※すずめの体温は
ヒトより高い

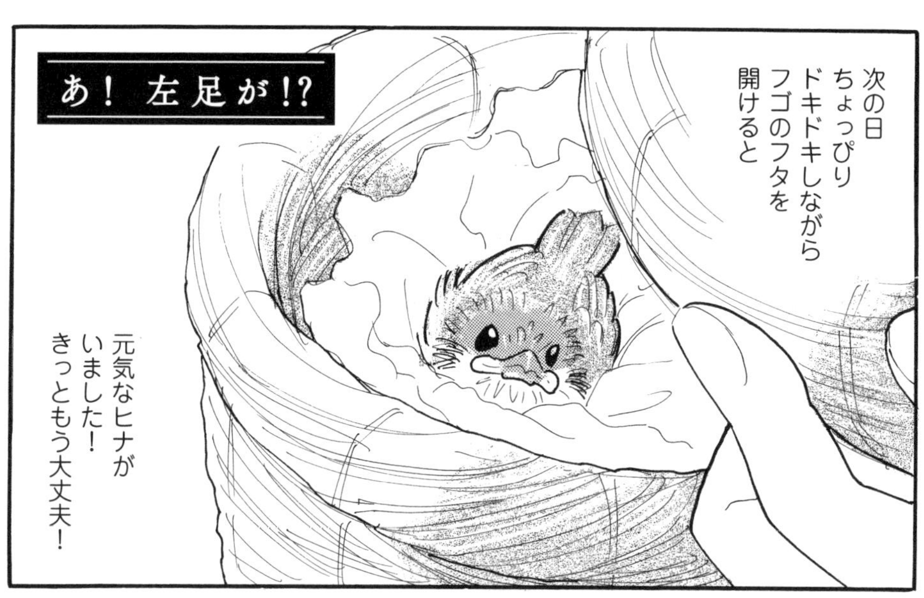
あ！ 左足が!?
次の日
ちょっぴり
ドキドキしながら
フゴのフタを
開けると
元気なヒナが
いました！
きっともう大丈夫！

その日
私は外出
ヒナは弟が
1日中世話
ゴハンだよー

その次の日は
逆に弟が仕事で
外出
ヒナは1日
私が世話を
することに
口
開くよ
え!?
ホント?!

ヒナ自ら口を開く!
かぱっ
……ごはん
ちょーだい♡……

ホントだ! うっそ
すっげーラク!!
えー 今の
すずめって
昔のと
違うの?
それとも
飼ってた文鳥が
憑依してんの?
かっわいーっ♡
ごはん
弟が昨日
何かやったの?

近くの仕事場から
2時間ごとに来る
…たいへん
だねぇ
いや
可愛いし

おなか
いっぱいに
なったら
すぐ手の中で
羽づくろい
こ
こそばゆい……

手に寄っかかって
体を安定させて
……
た…
たまらん♡
あ…
れ？
でも…

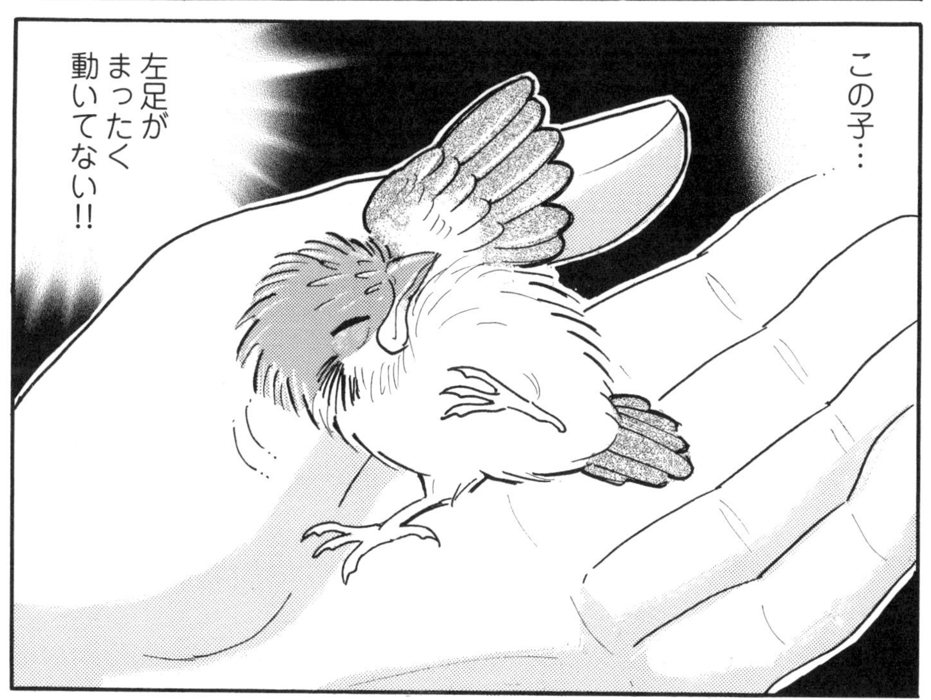
この子…
左足が
まったく
動いてない!!

病院へGo
食っちゃ寝のヒナだったから気づきにくかったけど
ヒナの左足は体にくっついたままでした

大変だ…昔行った鳥類の専門病院ってまだあるかな…
あ！ある
Pc

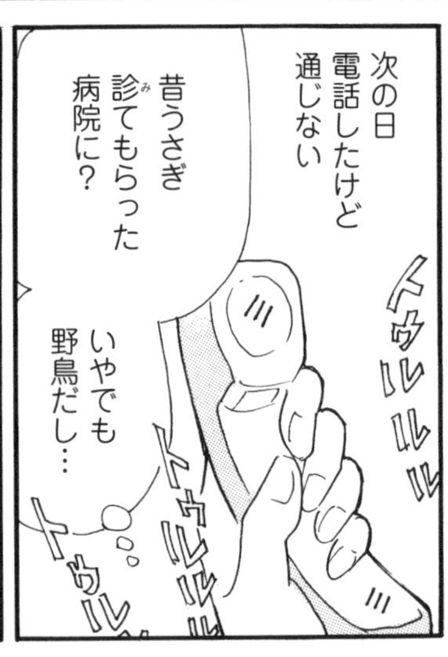
次の日電話したけど通じない
昔うさぎ診てもらった病院に？
いやでも野鳥だし…
トゥルルルル
トゥルルル
トゥル

次の日…
もしもし
え…今日は終わりですか!?
鳥を診てくれるのは週2日でした

6月30日
ヒナのおなかを
いっぱいにしたら
ぢゃー
ぢゃー
いざ病院へ！

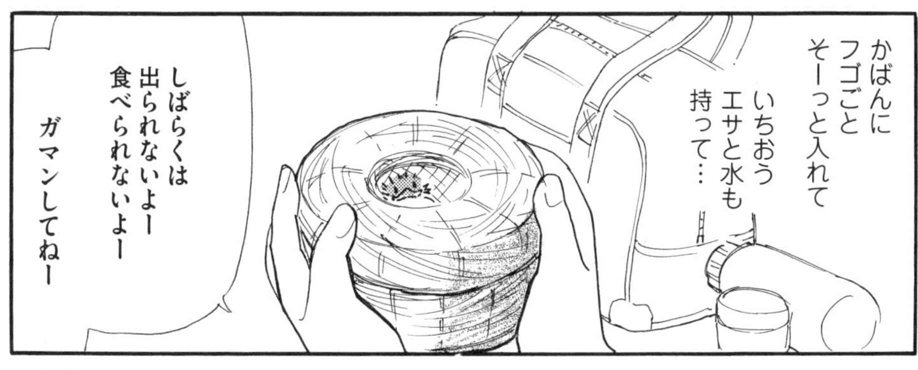
かばんに
フゴごと
そーっと入れて
いちおう
エサと水も
持って…
しばらくは
出られないよー
食べられないよー
ガマンしてねー

病院へは
バスと電車を
乗り継いで
いいところ
だねー
えーと…
母も健康のため
一緒に
行きました

かばんの中に
小さな命が
入っているのは
とても不安です
一刻も早く
診察を終えて
一刻も早く
帰ってやりたい
です
――でも
――迷う！
あれ？
昔と
違う
近くで聞くと
みなさん
迷われるん
ですよー
このカドの
坂道を…

診察室では
大型インコの
キバタンの診察中で
飼い主さんが
熱心にメモを
取っていました

じゃーん
じゃーん
くろでんわ…

はい
○○病院です
はい…
はい
わかりました

先生
△△さん10時に
いらっしゃる
そうです
はい
…この病院
飼い主さんが
電話に出るの
かぁ…
診察中じゃ出られないしね…

うちの
番！
うわ
ちっちゃい
なぁ
大型インコを
診たあとだから
じゃないでしょうか…

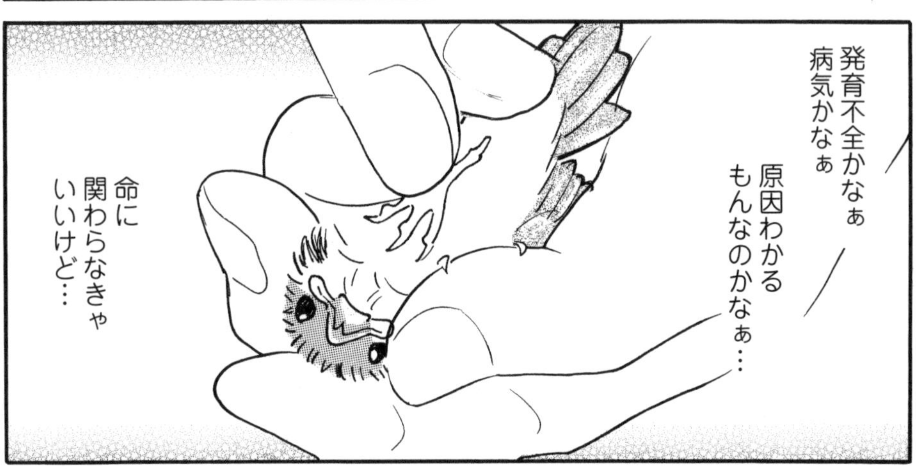
発育不全かなぁ
病気かなぁ
原因わかる
もんなのかなぁ…
命に
関わらなきゃ
いいけど…

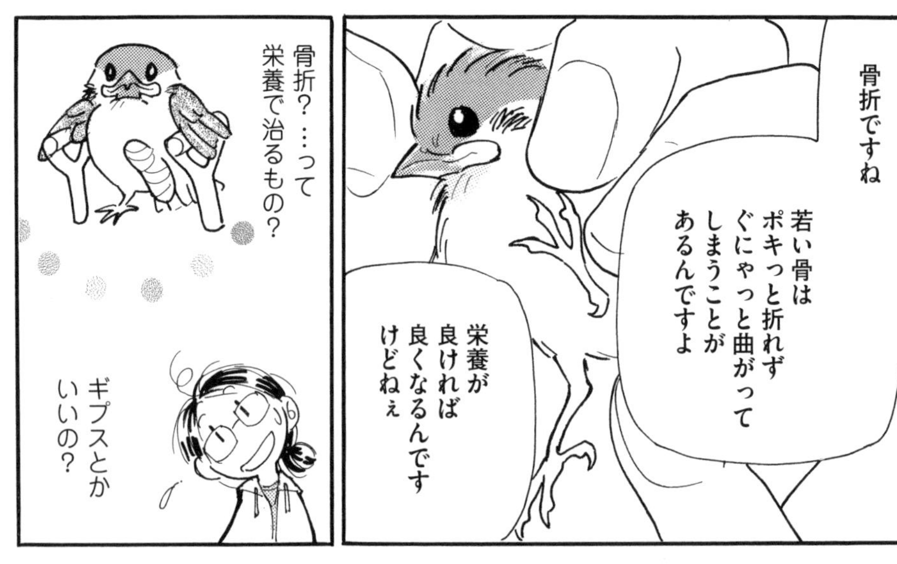
骨折ですね
若い骨は
ポキっと折れず
ぐにゃっと曲がって
しまうことが
あるんですよ
栄養が
良ければ
良くなるんです
けどねぇ
骨折？…って
栄養で治るもの？
ギプスとか
いいの？

エサは何を？
ミルワームとあわ玉と
牛乳と卵とごはん粒と…
いろんなものを…

全部ダメですね

「めじろ極上餌」ってのをあげてください
高いエサですが
はぁ…
心の声
…探せるかなぁ…
探せばあります
あと栄養剤用意しますから
1週間後に来てください
命にかかわるようなものじゃないですよ

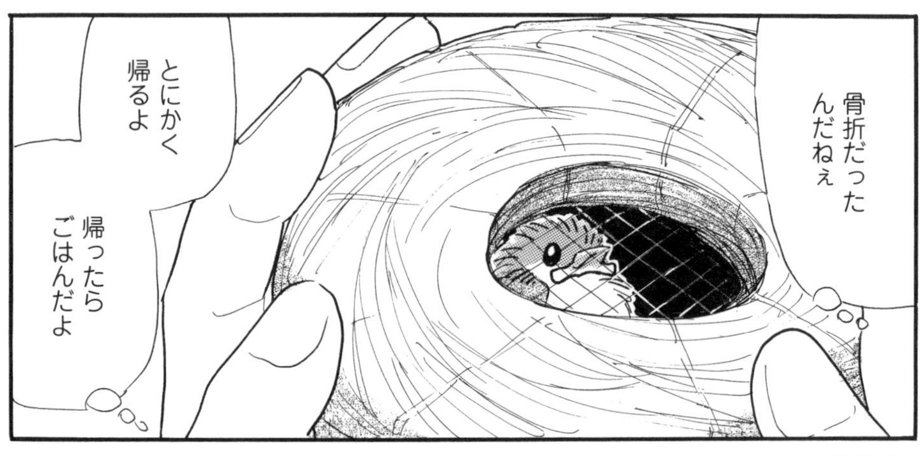
骨折だったんだねぇ
とにかく帰るよ
帰ったらごはんだよ

でも…骨折?
ぐにゃっとかたまった足?
ちゃんと動くようになるのかなぁ

楽しかったねまた来ようね
あー 病院?
あんまり来たくはないけどね
というわけでしばらくは様子見です

野鳥の証明
「めじろ上等餌」
ってのを
食べさせろって
めじろ上等!
めじろ
上等?

弟はペットショップを
3軒まわって
エサを入手して
くれました
「めじろ
極上餌」
ならあった
あ…
それだ…

〝めじろ極上餌〟は
超高級のすり餌でした
「すり餌」とは
粉末状の
日本の野鳥の
基本フードですが
たいていのヒナは
いやがるので
敬遠してました…
すり餌
七分
めじろ極上

でもこの「めじろ極上餌」は
ウグイス色できなこの香り
こね こね
いかにもおいしそう
お湯を少し入れてこねて丸める
♪ぱくぱくぱく
おー食べる食べる！
いっぱい食べて大きくなるんだよ！
…しかし何？最初っからこのなつっこさ！
カチ
カチ
中に文鳥が入ってるんじゃない？
立ち居振る舞いがチリっ子にそっくりだよ
チリっ子は卵を産み過ぎて虹の橋をわたりました…

7月7日
病院へは
弟が行って
くれました
紅白まんじゅうの
空き箱に入れて
バイクで
…って
おい！
…ちゃんと
バッグに
タオル入れて
衝撃なく
行ったよ！
弟
やー
迷っちゃっ
たよ
迷うからって
さんざん詳しく
伝えたのに
…迷うのね…
先生に
「あーあの
ちっちゃいすずめ！」
って言われたよ
――そんなに
ちっちゃいの？
発育不全？
親鳥に間引かれ
ちゃったの？
ああ
回復して
きたね
…いつごろ
放せますか？

放しても
すぐ
死んじゃうよ
できれば
飼ってあげた
ほうがいいん
ですけどねぇ
できますか？

うち文鳥
飼ってました
けど…
にっこり
そうですか
なら
大丈夫
ですね

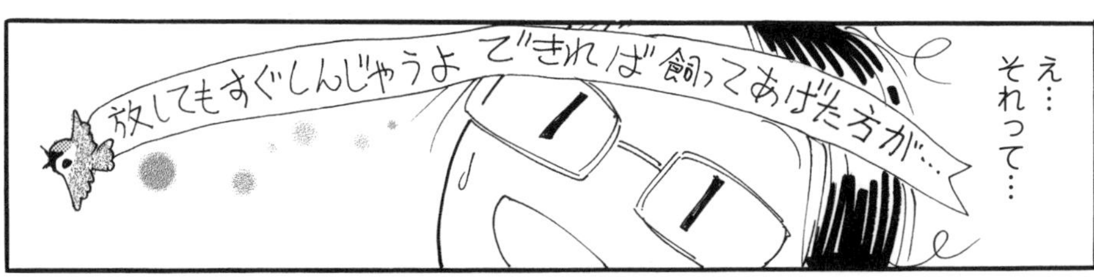
え…
それって…
放してもすぐしんじゃうよ できれば飼ってあげた方が…

ネットで調べたら
「すずめは
野鳥なので
飼っては
いけないいが」
「場所によっては
獣医から依頼が
あった場合のみ
定める期間保護して
いい」…か

え…「すずめは
猟鳥なので
捕獲はOK」？
へ～
いいんですか～
そ～なんですか、

殺しても
食べても
いいけど
飼っちゃダメ!?
なにそれヒドい！
ひ～
誰が決めてんの～っ？

獣医さんから
頼まれたし
お墨付きは
いただけた
として…
あそぼ

まだ左足は
治ってないし
親鳥に
無視されて
体温失ってたし
普通より
小さい
らしいし…
放してもすぐ
しんじゃうよ
なつっこいし
可愛いし…

…でも保護の申請とかしなくちゃ
ほーりつてきに…
そうだな調べてみようか
う～ん…
母
ぴぃちゃんはうちの子だよねー
ぢゃっ…!
ぴぃちゃんじゃない!!
かってになまえつけないで!
動物はもう飼いたくない母がすっかり乗り気!
なんやかんやで
当面は保護決定

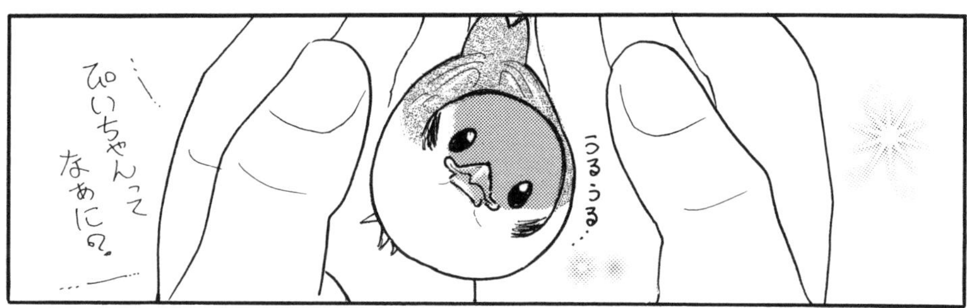

↑全国のぴぃちゃんに失礼

ぴぃちゃん
フンしちゃっ
たねー
ちりがみ
ちりがみ
ぷんっ
早く名前
決めなきゃ
ぴぃちゃんに
なっちゃう
よー
かわいい名前
だけど…
ぴぃちゃんで〜す
自分で
考えろよ
今忙しいん
だから〜
PC
名前かぁ…
うーん…
名前
考えたよ
男の子なら
スパロウの
ジャック！
女の子なら
すずめの
すずちゃん

両方却下

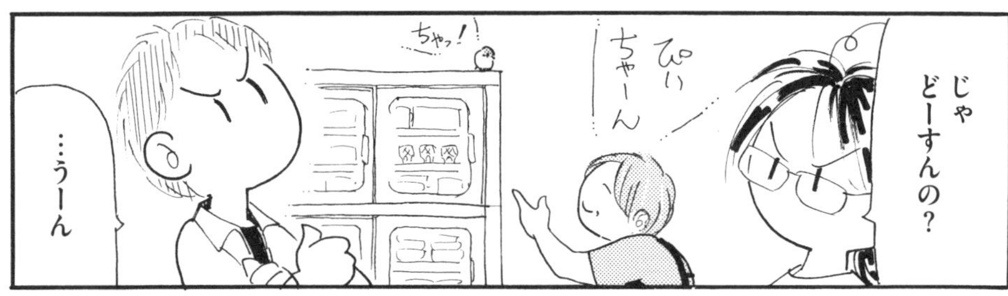
じゃ どーすんの？
ぴーちゃーん
ちゃっ！
…うーん

数日後——

決めた
かちかち
名前はちゃい！

ちゃい？
なんで？
MILK TEA？

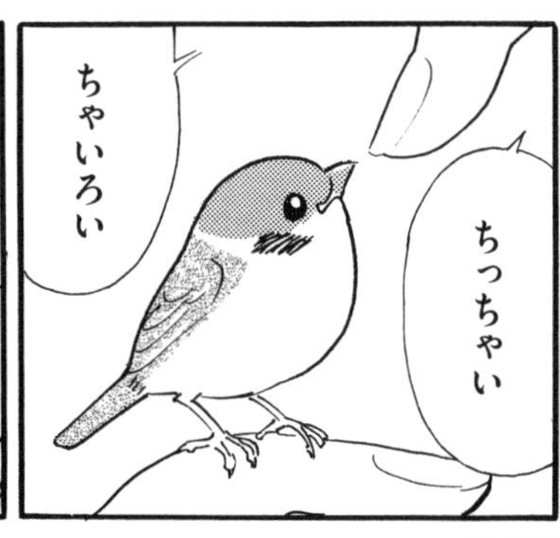
ちっちゃい
ちゃいろい

だから
ちゃい！
ねーっ
つんっ★
ちゅんっ
あ〜そーっすか！
なら最初っから
自分で
決めてよね
…

でも
ちゃい…か
いい名前
もらったね
そう？
ちゃい

…しかし
母はその後も
ぴぃちゃん
どこ？
きょろ…
ぴぃちゃん
いないよ
ちゃい
だってば！
ココ

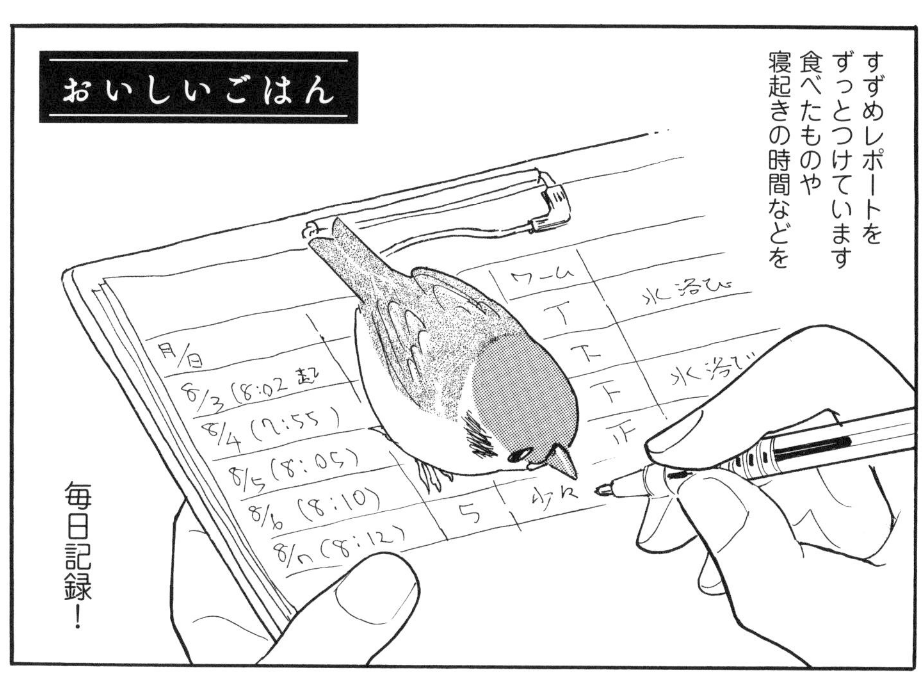
おいしいごはん
すずめレポートを
ずっとつけています
食べたものや
寝起きの時間などを
月/日
8/3 (8:02 起)
8/4 (7:55)
8/5 (8:05)
8/6 (8:10)
8/7 (8:12)
ワーム
水浴び
5
少々
毎日記録!

弟と私が交代で
世話をするんで
うーん…
あんまり
食べてないなぁ
いつ何をどのくらい
食べたのかを
お互いに把握
するためです

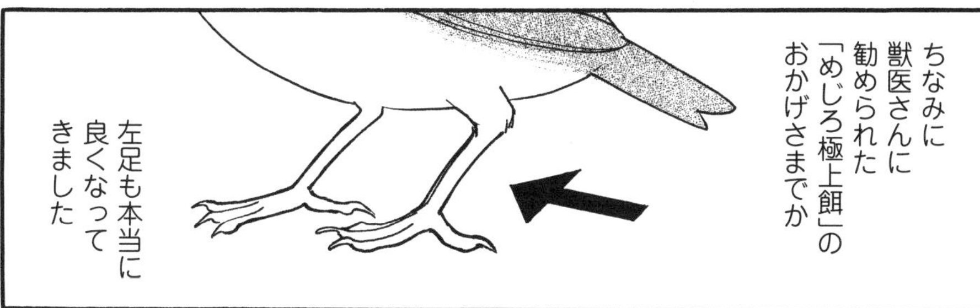
ちなみに
獣医さんに
勧められた
「めじろ極上餌」の
おかげさまでか
左足も本当に
良くなって
きました

今は力が
かるーく
入っていない程度
きにしたこともないよ…
ぐんにゃり骨折って
ホントに栄養で
治るもんなんだ
なぁ

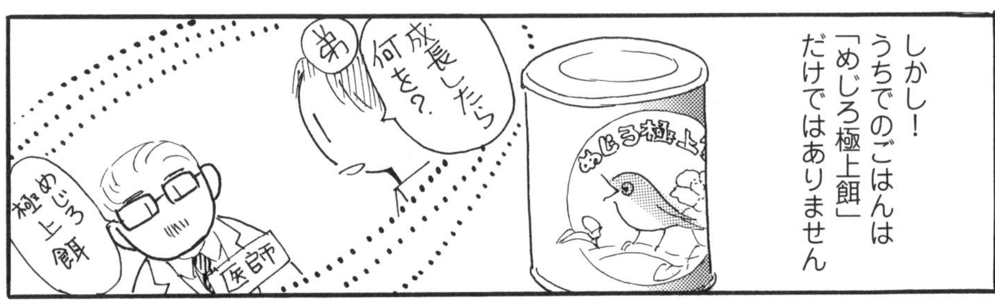
しかし！
うちでのごはんは
「めじろ極上餌」
だけではありません
めじろ極上餌
成長したら
何を？
あ
めじろ極上餌
医師

もうひとつの主食
「バードフード」や
文鳥用のエサや
あわ玉
小松菜に
ボレー粉
卵の殻に
食べる砂
などなど…

そして一番好きなのが…

(小動物は)
みんな大好き
ミルワーム!
ペットショップで
売っている
生餌(いきえ)です

保護したてのころは
消化を助ける
ため
楊枝で少し
穴をあけて
いましたが
まだー?

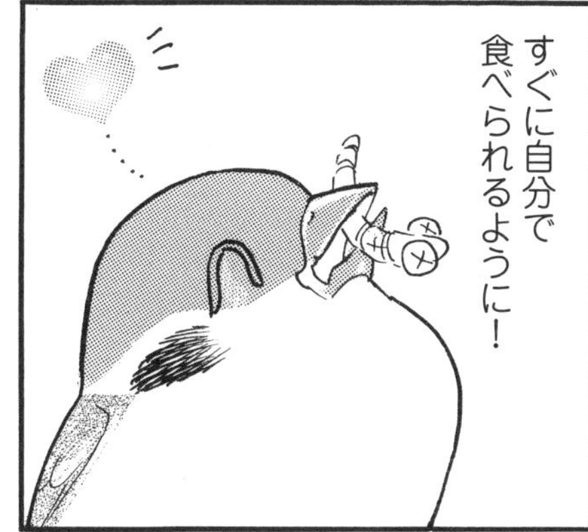

すぐに自分で
食べられるように!

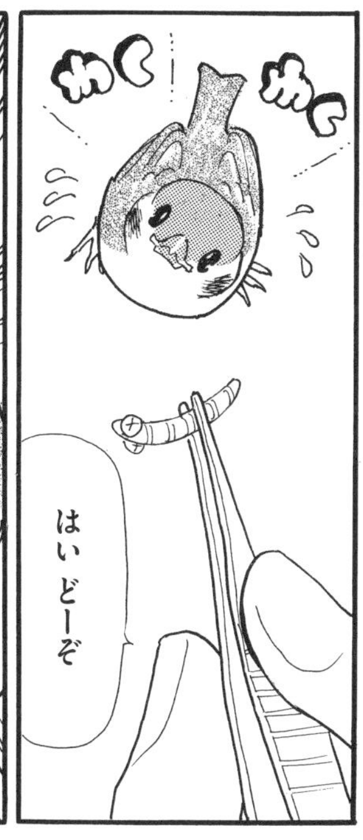

わくわく
はい どーぞ

ぱくっ

すとととーっ
あー
また逃げた

ホタルみたいな細長い虫に！

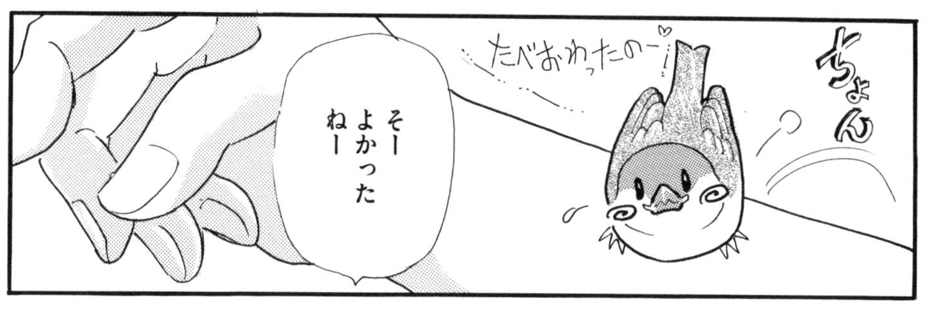
ちょん
たべおわったのー
そーよかったねー

ふきふき
ぎゃ〜!…

かっ可愛いけど…
ワーム食ったくちばしを拭かないでほしい…
ふきふき

——それでも許してしまいますが…

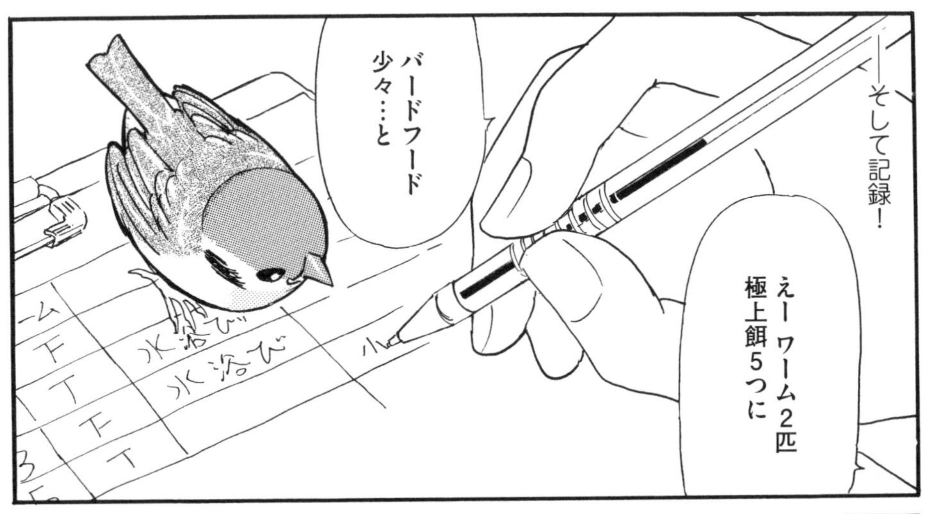
そして記録!
えー ワーム2匹
極上餌5つに
バードフード
少々…と

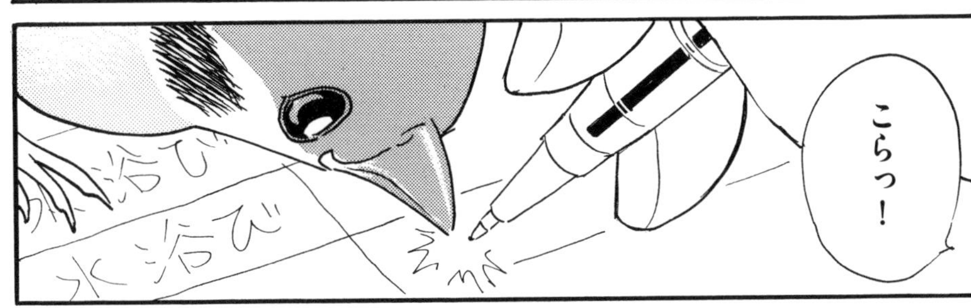
こらっ!

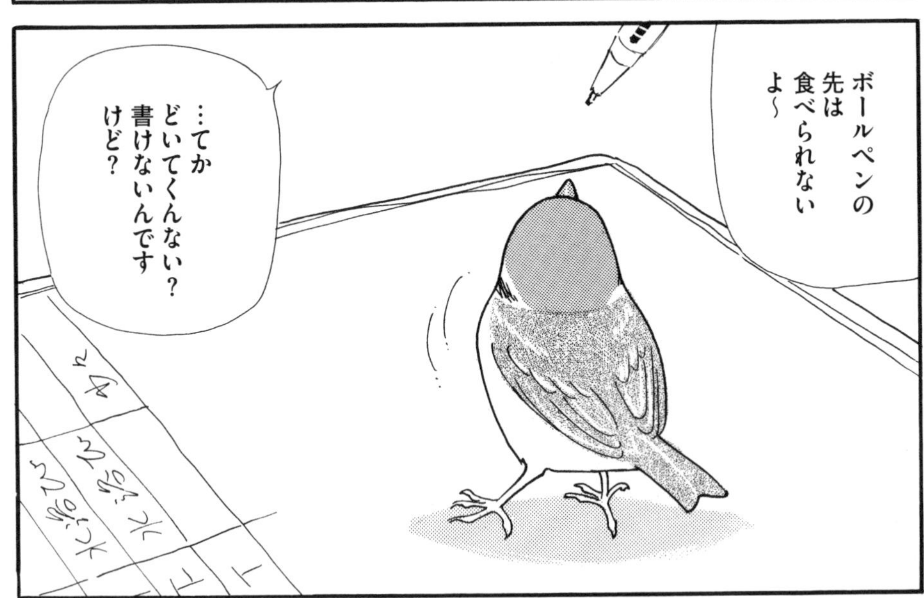
ボールペンの
先は
食べられない
よ〜
…てか
どいてくんない?
書けないんです
けど?

ある日、すずめがやって来た。

すずめじゃらし
いっぱい食べて
いっぱい眠って
いつの間にか
もう立派な
若鳥です

うず うず
この低気圧が
日本海側の——
天気予報
そんなちゃいの
マイブームは…

つんっ!

南からの
前線が――
ひいっ
ぱたぱたぱたぱたぱたぱたぱたぱた
おおーっ

天気予報士の
指し棒の黒い玉が
好きなのは
猫だけ…
じゃない！

虫っぽく
見えるん
だろうなぁ…
さすがに
文鳥で
コレは
なかった

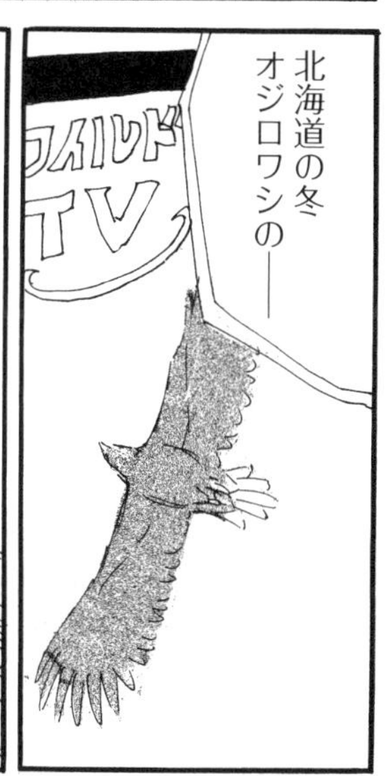
北海道の冬
オジロワシの――
ワイルドTV

てぃっ！

ちゃい今度は
ワシを攻撃
ふんっ
すずめに
突っつかれる
猛禽の王者！

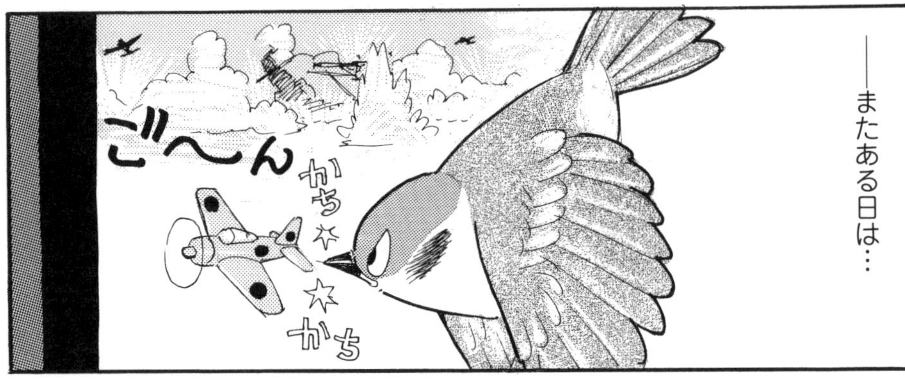
――またある日は…
ご〜ん
かち
かち

…ゼロ戦だよ
つんつん
戦争中
飛行機が
爆弾落とすの
見てねぇ…
↑必ず始まる
同じ話

ジェット戦闘機だって!!
キーん

つんつん
つんつん
つんつん
ぱたぱたぱた

お──っ
ホバリング!
……
ちゃい…それ止まってるように見えるだけで飛んでるから

そしてついに!

木星
侵略——
つん！
すごい！
もうすぐ
宇宙征服!!

…でも
ふーっ

もし
もーし
本物の
虫の映像
ですよー
テレビ画面攻撃は
1カ月ほどで
なくなりました
カリ カリ

テレビのは
実体がないって
学習したんだ！
ちゃいは
猫より
賢い
…そーかなあ…

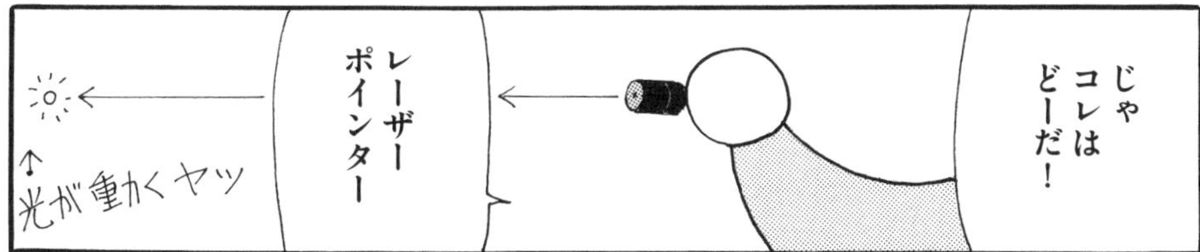
じゃ
コレは
どーだ！
レーザー
ポインター
↑
光が動くヤツ

こつ
こつ
こつ
こつ
こつ

光が
ちゃいの目に
入ったら
大変だから
ダメ！
！ちッ
かき
かき

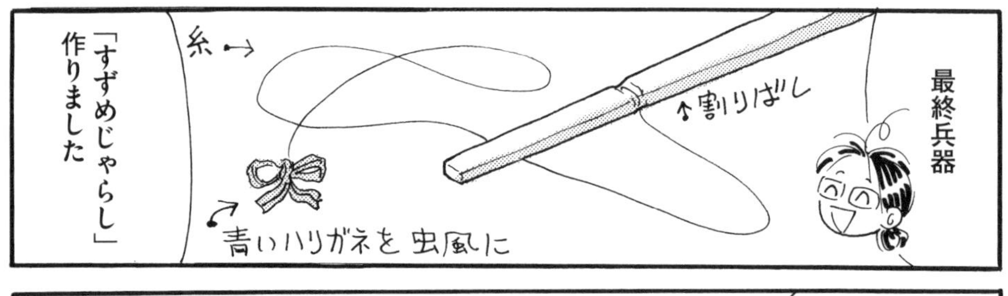
最終兵器
↑割りばし
糸
青いハリガネを虫風に
「すずめじゃらし」作りました

ホレホレ
あむし!

おー!じゃれるじゃれる
ちょんちょん

すとととと～っ
こうやって追わせて…

ぱたぱた
離陸ーーっ!

よし!
これなら
安全安心
かみ
かみ
わくわく

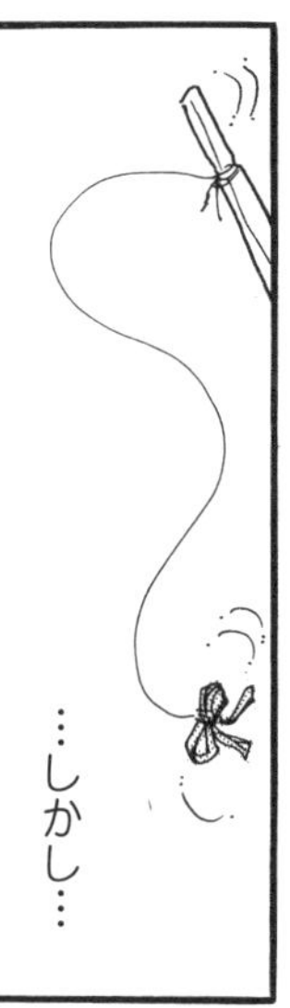
…しかし…

あきた
やっぱり
ちゃいのブームは
長続きはしない
みたいです
ちーんっ…

母とちゃい

名前は「ちゃい」なのに
母はいつまでも
ぴぃちゃん
おいでー
と呼ぶので

ケージに
名札カード
つけました！
？
すずめの
ちゃい
元気！

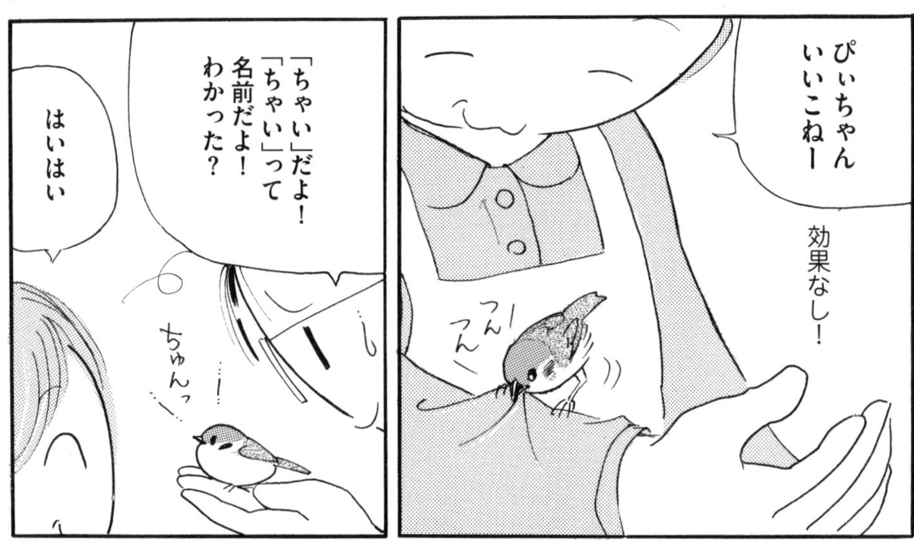
ぴぃちゃん
いいこねー
効果なし！
ふん
ふん
「ちゃい」だよ！
「ちゃい」って
名前だよ！
わかった？
はいはい
ちゅんっ

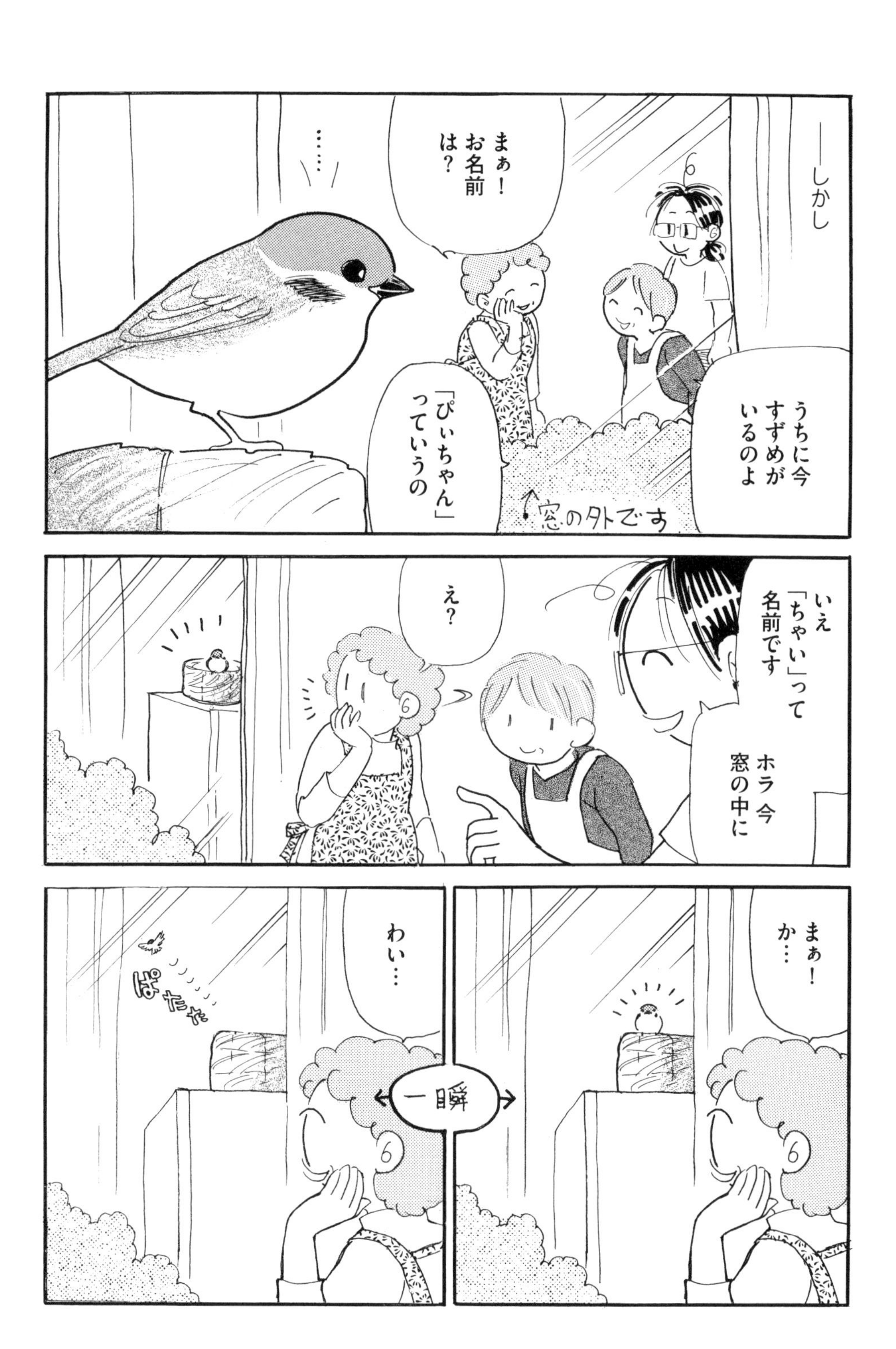
――しかし
まぁ！お名前は？
……
うちに今すずめがいるのよ
「ぴぃちゃん」っていうの
窓の外です
いえ「ちゃい」って名前です
ホラ今窓の中に
え？
まぁ！か…
わい…
一瞬
ぱたた

ちゃい
だから!!
カチ
カチ
ちゃい
だからねっ!!
わかってる
わよー
——それでも
しつっこく訂正
したかいあって
ついに!!
ちゃーちゃん
おいでー

やったー!!
「ぴぃちゃん」脱出!
………
っしゃあ!

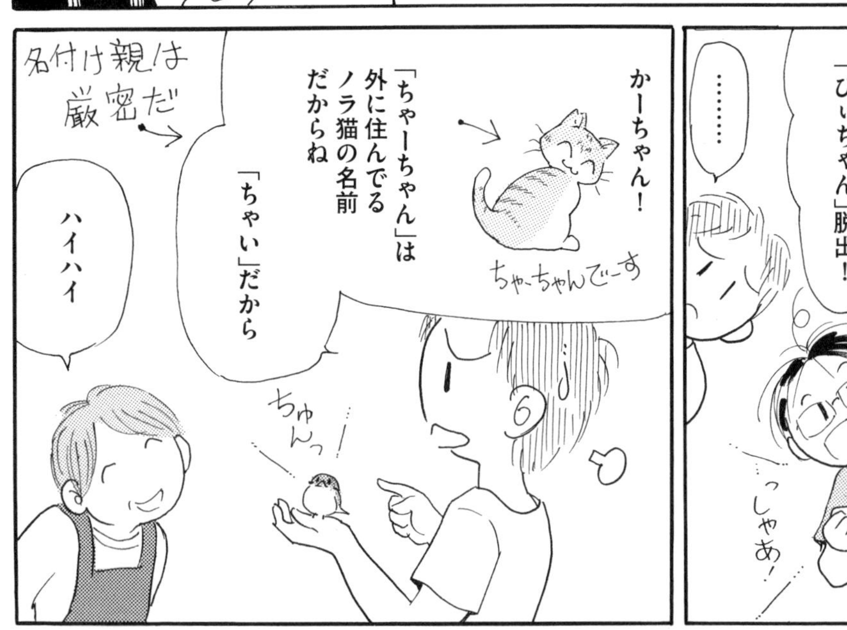
かーちゃん!
ちゃーちゃんでーす
「ちゃーちゃん」は
外に住んでる
ノラ猫の名前
だからね
「ちゃい」だから
ちゅんっ!
名付け親は
厳密だ
ハイハイ

——でも母の
「ちゃーちゃん」は
結局 修正不可能!
ちゃーちゃん
いいこだね

さらには散歩中に
外のすずめを
見ても
ほら!
ちゃーちゃん
ちゃーちゃん!
ぱたた…

母にとって
すずめはすべて
「ちゃーちゃん」に
なってしまいました
早く帰ろ
ちゃーちゃん
寂しがってる
…まいっか

あぶないよ!

けっこううるさくつきまとったりもするちゃいですが
ぱたた
どこ行くのー
……いや仕事場へ……

たまーにどこにいるかわからなくなります
そういえばちゃいは?

気配もないし
ちゃーちゃん?
保護色なんでさっぱりわからない

ちゃい
ちゃーい
おーい
返事しろー
ちゃー
ちゃーん
RABBIT

どっかで
つぶれてない？
挟まってない？
バサ
バサ
落ちて
ない？
…まさか
外へ？

あ
いた
めっけ！
ぢりちゅっ

ぢゃぢゃっ！
ぢゃっ！
ぱたたた
ちょん★
今さら
何返事
してんだよ…
ちゃいは
見つめて呼べば
たいてい返事を
するくせに
こっちが
見てないと
返事もせずに
隠れてます…
これって
すずめの本能？

でも
姿が見えていても
推定20gもない
小さな鳥なので
ちゃいを
確認しながら
うっかり事故が
怖いので…
人間は常に
おそるおそる
行動しています

―しかし母は

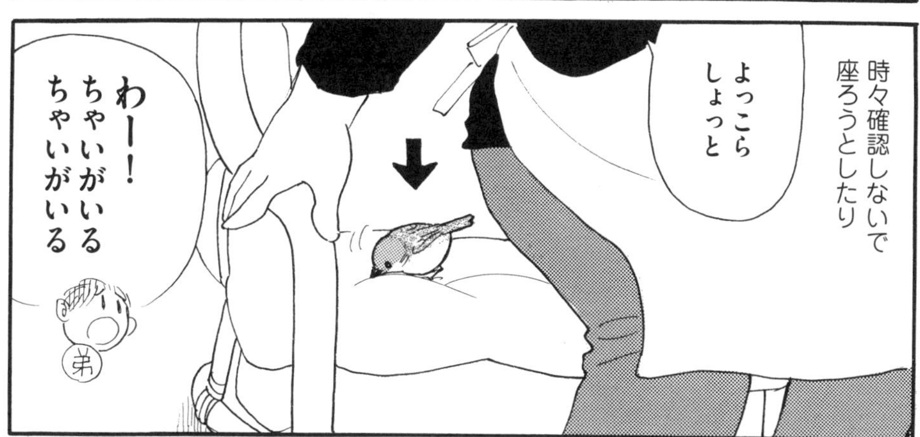
時々確認しないで
座ろうとしたり
よっこら
しょっと
わー!
ちゃいがいる
ちゃいがいる
弟

足元 足元!
ちゃいが
いるー
弟
歩いたり
するんで

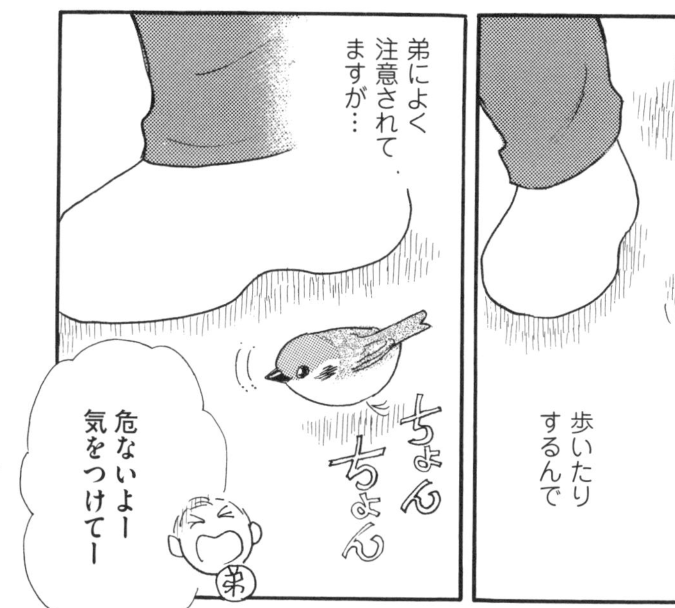
弟によく
注意されて
ますが…
ちょん
ちょん
危ないよー
気をつけてー
弟

動作がゆっくりなんでわりと大丈夫……なのかも…
ちょん ちょん ちょん
ピ—ッ
むしろ…
わッ お湯沸いた
ピ—
ふかっ
ぱささっ
どきどき どき
あ…足に触った踏みかけた?
どきどきどき
時々ダッシュする私の方が問題です!
ホントに気をつけなくっちゃ

弟のちゃい
うちの生き物係は昔からなぜか私で
うさぎ
ハリネズミ
リクガメ
Gハム
ジャンハム
文鳥
外猫
さまざまな小動物をお世話して参りましたが

ちゃいの場合は

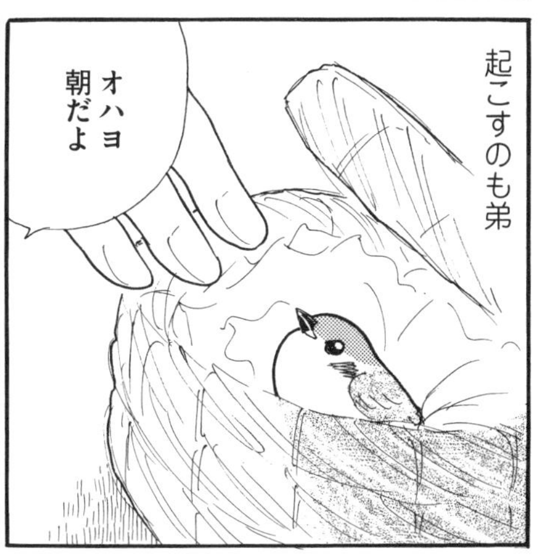
起こすのも弟
オハヨ朝だよ

朝一番のごはんをやるのも弟

エサを買いに
走るのも
もっぱら弟!
楽～

何が弟を
そうさせるのか…
ハハ～～ッ
ちゃいの
魔法?

そんな弟は超夜型で
夜明けに眠って
お昼ごろ起きてましたが
ちゃいが来てからは
朝7時ごろ
ちゃいを起こして
世話をして
遊んでやってから
眠るように

なのに
お昼ごろ起きるのは
変わらず…なので
ふあ〜っ
慢性
寝不足ぎみ

さらに今まで2階で
やってた仕事も
ちゃいのいる
リビングで
やるようになるほど
ちゃいに夢中！
じゃま
カチ
カチ

ここなら
ちゃいと
かーちゃん
同時に
見られるしね
私は
見なくて
いいよ

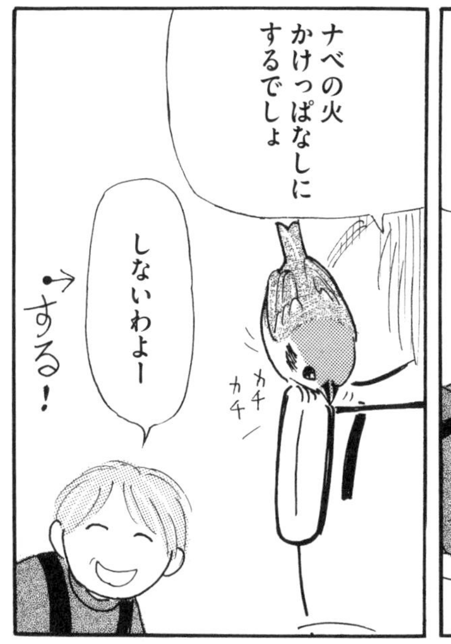
ナベの火
かけっぱなしに
するでしょ
しないわよー
カチ
カチ
→する！

ちゃいも弟に
べったりなので
弟がトイレに
立っただけで
大騒ぎ！
ぢゃっ
ぢゃっ！
ぱたん
ぢゃぢゃ
ぢゃっ
ぱたた
♪私がいない時は！

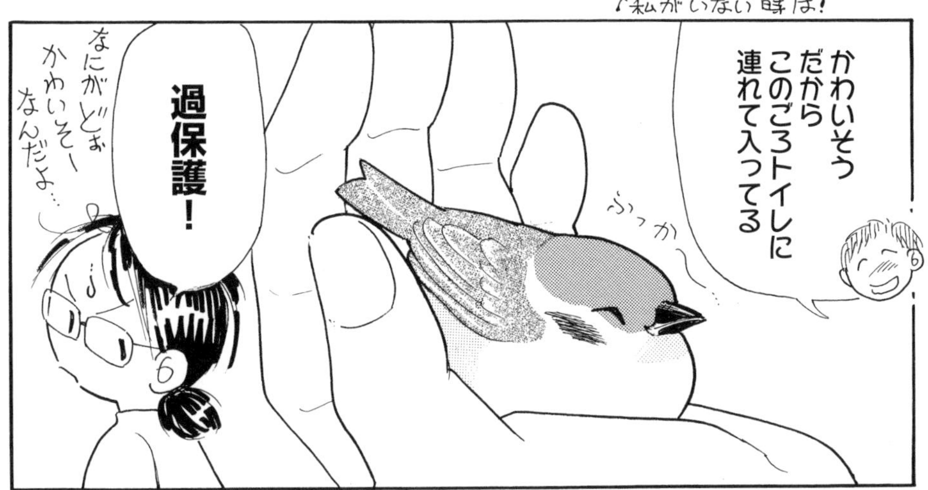
かわいそう
だから
このごろトイレに
連れて入ってる
ふっか～
過保護！
なにがどぉ
かわいそー
なんだよ…

あたしも
連れて
入ろうかな
き～…
かーちゃんは
マネしなくて
よろしい!!

逃げ足レベル
ちゃいはケージに入れられるのが嫌いです
飼いドリじゃないもーん
つーん
ハムスターケージ使用（トリカゴは大嫌い）

家に人がいればちゃいを出してますが
弟
母

留守にする時はやはりケージに入れねばなりません
出かけるよー
ぱたた…

最初のうちは
いいこだねー

だましうちっ！
わしっ

逃げ足LV15▲

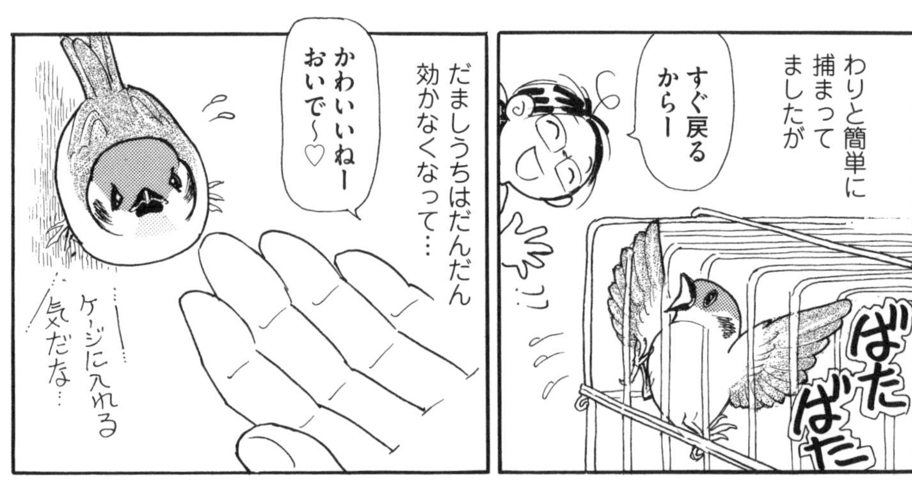
わりと簡単に
捕まって
ましたが
すぐ戻る
からー
ぱたぱた
だましうちはだんだん
効かなくなって…
かわいいねー
おいで〜♡
ケージに入れる
気だな…

出かけるん
だってばー
ぱたぱた
逃げ足LV32▶
待てー
逃げ足レベルは
どんどんUP!

——でもすずめは
短距離飛行選手
なので
ぜーは
ぜーは
しつっこく
しつっこく
追い回せば
鬼!

ぜーぜー
よたよた

わしっ
最後には
捕まりますが…

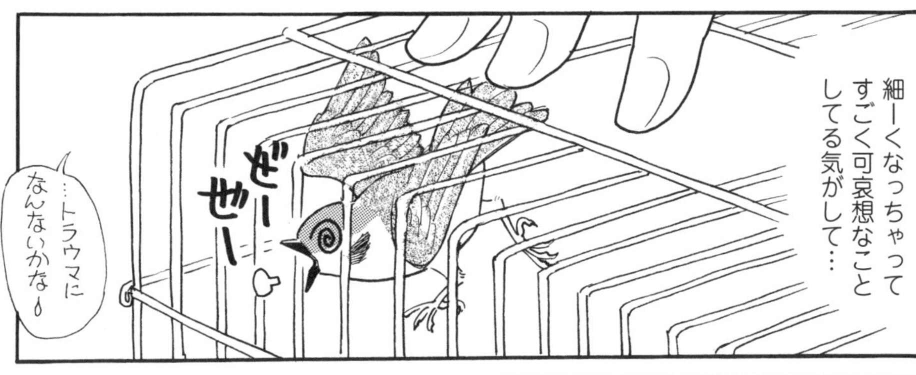
細ーくなっちゃって
すごく可哀想なこと
してる気がして…
ぜーぜー
…トラウマに
なんないかな♪

そのうえ
がんばって
ケージに
入れても
…ちゃーちゃん

え!?
ぱたたっ

かーちゃん
なんで出した
やっと入れたのに〜…
かわいそう
だから
さんぽ行こ…
わな…

もうあきらめて
私もあまり
捕まえなく
なりました…
もともと捕まえない連中

というわけで1日のほとんどを
自由に飛び回るちゃいですが
ぱた
ぱた
ぷちぷち
すずめの
ちゃい
元気!
たまーにごはんを食べに
自分からケージに入る
ことも…

夜は
寝かせるために
捕まえて
フゴに入れます

リビングは不夜城
朝まで明かりが
ついてますから！
…そして
寝かすのは
弟の仕事

明日撮影で
いないから
寝かしつけ
よろしく
えー…いつも
うまくいかないん
ですけど
簡単だよ
眠くなると
ここに入って
大人しくなる
から
うと うと
うとうと
するまで
15分くらい
待って…

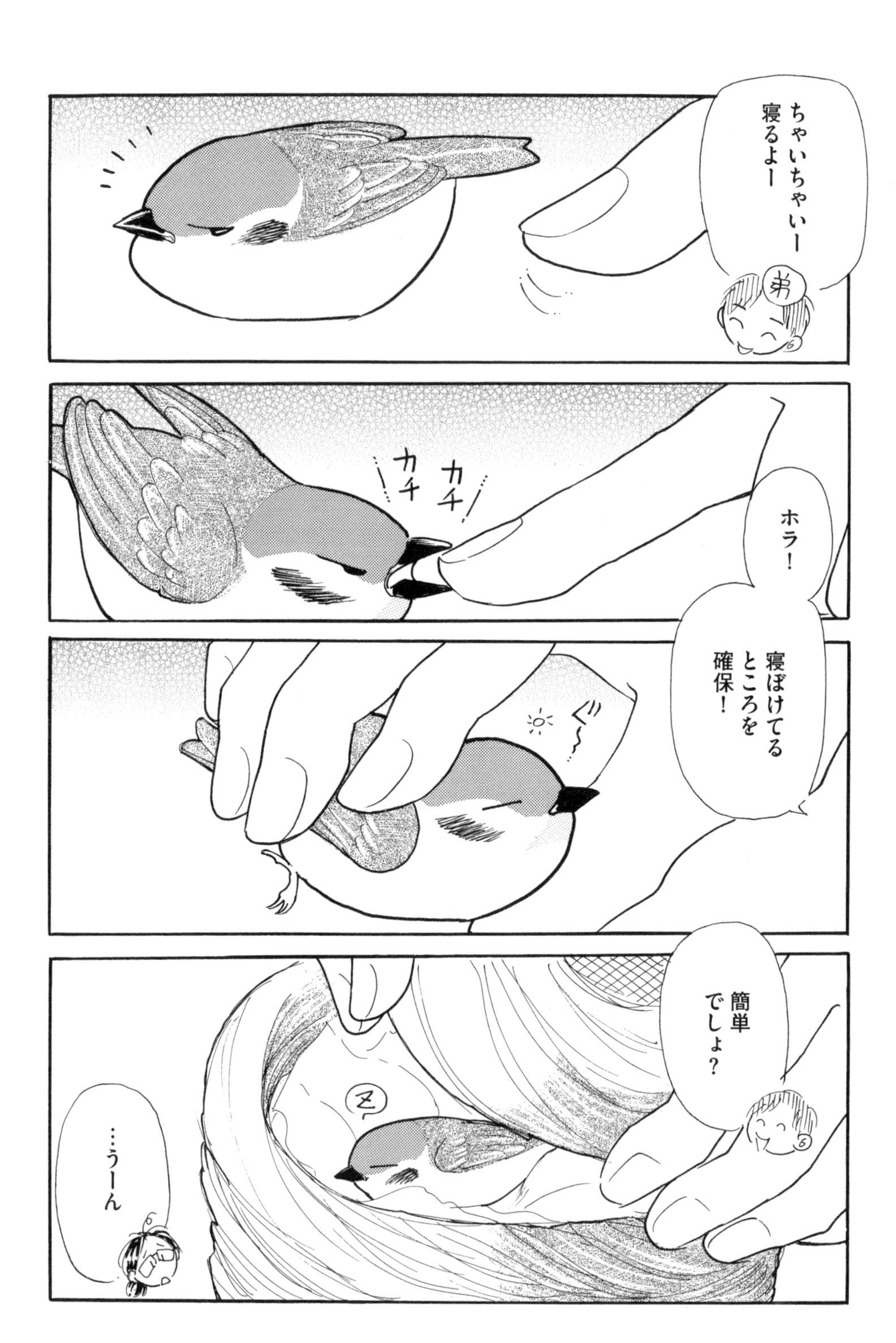
ちゃいちゃいー
寝るよー
弟
カチ
カチ
ホラ！
寝ぼけてる
ところを
確保！
ぐ～…
簡単
でしょ？
…うーん

次の日の夜
いよいよ
私が
寝かしつけ！
タダイマー…
ちゃーちゃん
寝ないのよ！
この下に
15分…
よし！
ちゃいー
寝るよー
カチ
カチ
きゃっち！
！
あ…
すかっ

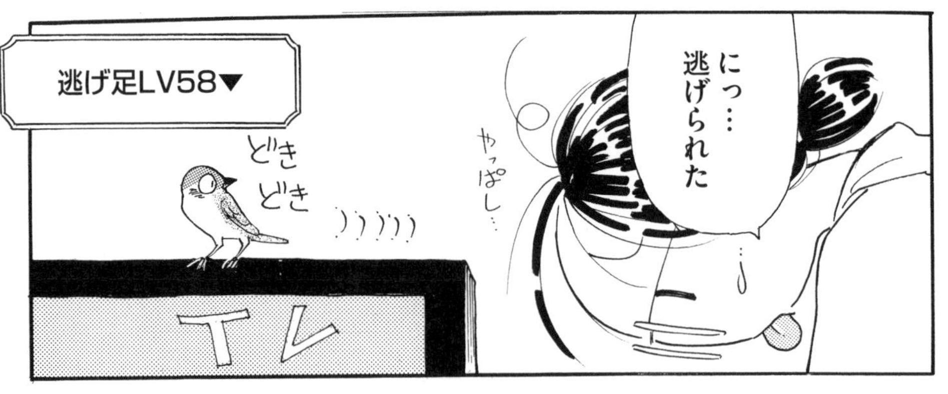
にっ…
逃げられた
やっぱし…
逃げ足LV58▼
どきどき

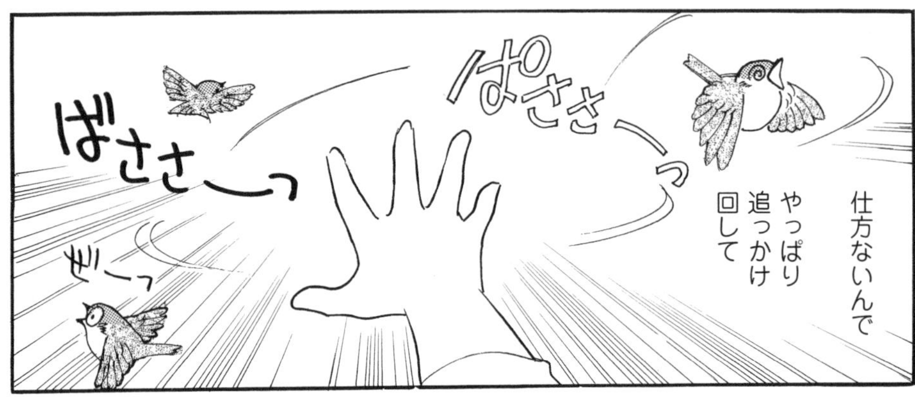
仕方ないんで
やっぱり追っかけ回して
ぱささーっ
ばささーっ
ぜーっ

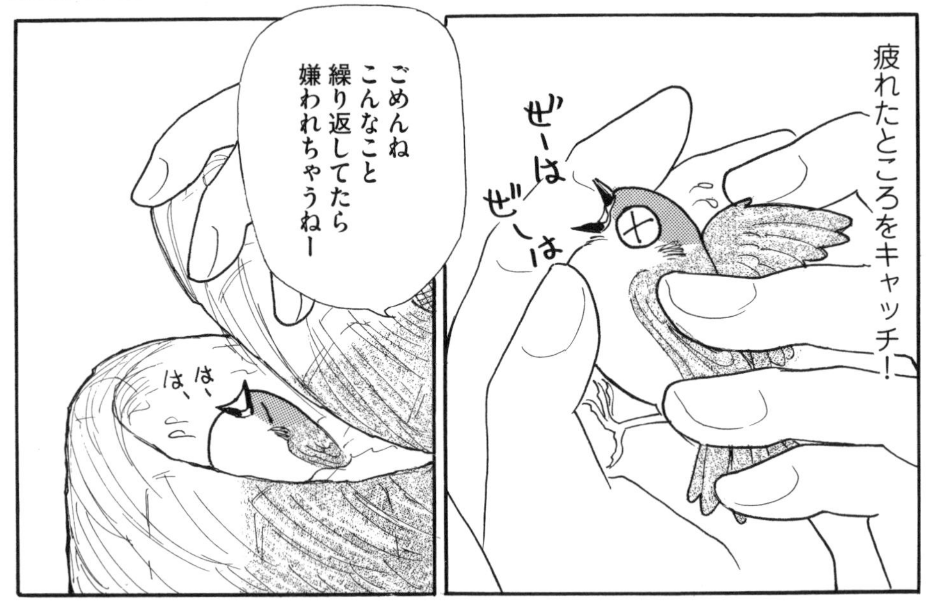
疲れたところをキャッチ!
ぜーは
ぜーは
ごめんね
こんなこと繰り返してたら
嫌われちゃうねー
は、は、

——でも
次の日には
アソボ

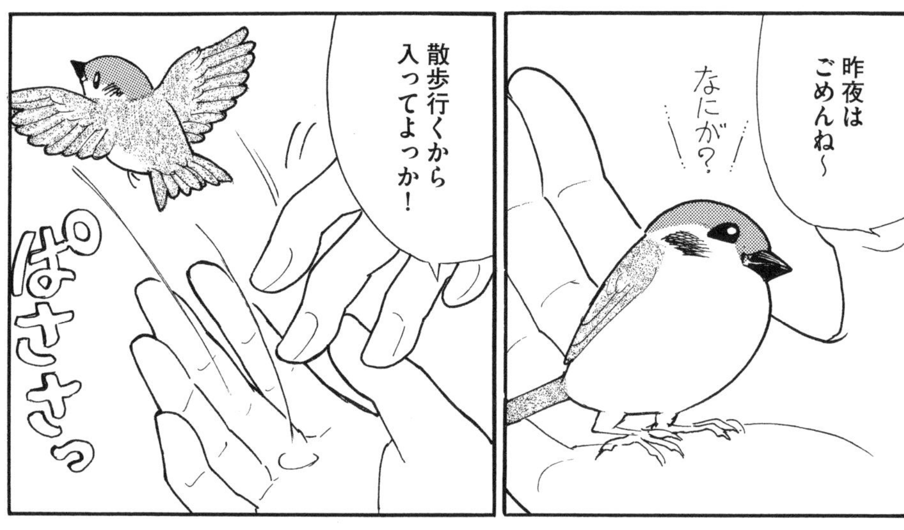
昨夜は
ごめんね～
なにが？
散歩行くから
入っててよっか！
ぱささっ

——こうしてまた
逃げ足レベルが
上がるちゃい
逃げ足LV90▲
もー
1時間で
帰るから
ほっとくよ！

水浴び・砂浴び
――わりと
ヒナのころ
からですが
ぶるぶるっ
カーペットで
砂浴びのマネ
始めたので

小皿に水を
入れてみたら
ちょん
ちょん
すぐ水浴び
ぱしゃ
ぱしゃっ

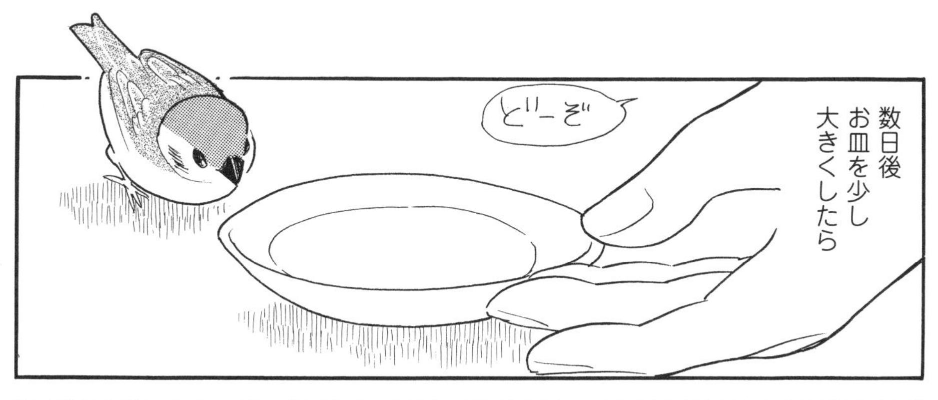
数日後
お皿を少し
大きくしたら
ど～ぞ

しっかり水浴び！
ぱちゃ
ぱちゃ！

これなら
いける
かな？
明日
やって
みよう！

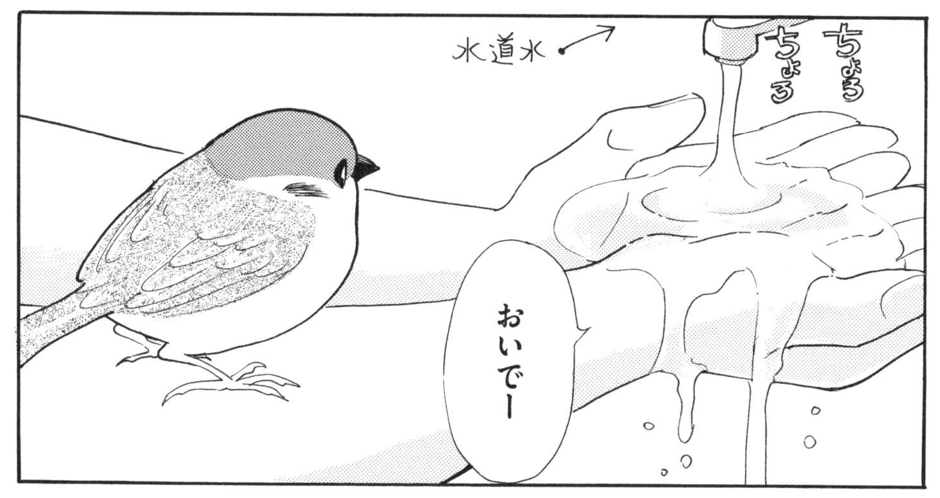
ちょろ
ちょろ
水道水
おいでー

実はうちの
水浴びは
手のひらで！
ぱちゃ
ぱちゃ
32年以上
昔からの
伝統行事
です
1985年に出た本にも書いた！

すっごく可愛いんで
すずめでも
やってみたくて…
どーやれば
わかるかな〜
ちょろ
ちょろ
少〜しずつ
慣れようね

ちょん
ちょろ
ちょろ

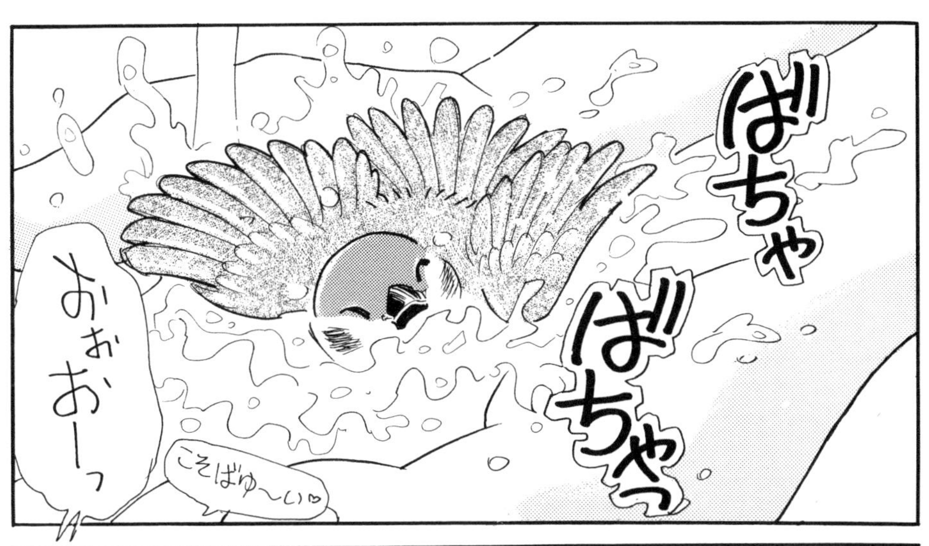
ばちゃ
ばちゃっ
おぉおーっ
こそばゆ〜い♡

拍子抜けするほど
あっさりクリア
びしょ
びしょ
何ぁんた
やっぱ文鳥
入ってる?

——でも
水浴び後は…
さむい…

おいっ
ぶるぶるっ…は?
羽づくろいは?
……

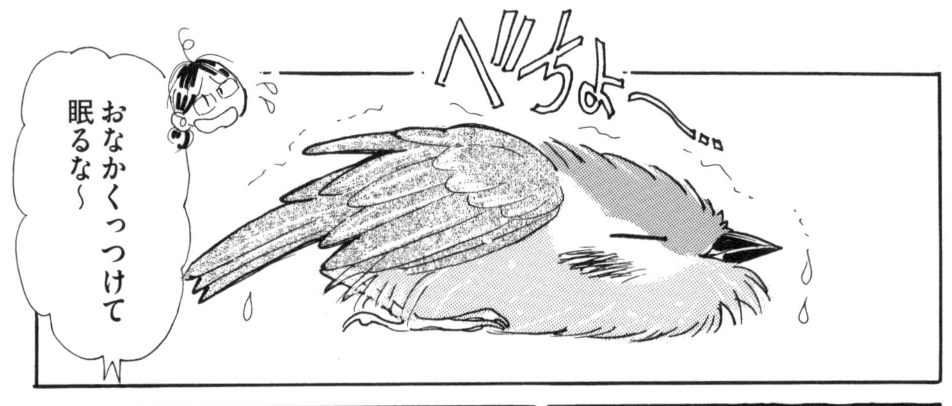
べちょ～…
おなかくっつけて眠るな～

ほらっ乾かして！ぶるぶるってして
ふー
ふー

寝ないで！羽ばたいて！水切って！
カゼひくぞ！
ゆさゆさ

つるん！
あ

あ…ごめん
へろへろ…
乾かすのって本能でしょー？教えらんないよー

さて 鳥の世界では
水浴び派と
砂浴び派が
いるみたいですが

すずめは両方好き
すずめの
砂浴び場…
かわいい～♡

なので
砂浴び場
作ってみました！
ヒナの頃
入れてたケースに
砂を入れた
砂が散乱
しないように

入ってみ
?
さくっ

ぴょいーーん
——まったく
利用せず

ずっと
置いといたら
じゃま!
意味ない

弟に撤去
されました…

一応ケージに
砂浴び用の箱も
入ってますが…
百均の木の箱
砂

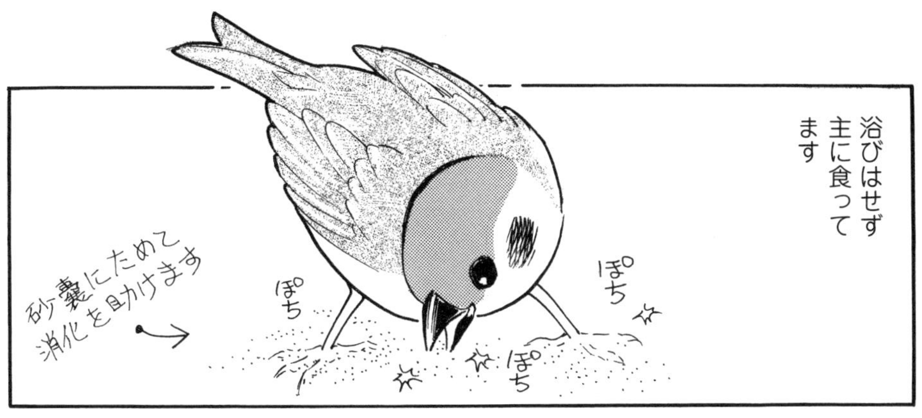
浴びはせず
主に食って
ます
ぽち
ぽち
ぽち
砂嚢にためて
消化を助けます

そして今日も
カーペットで
砂浴びもどき！
カーペットじゃ
意味ないんです
けどねー…

本物の砂
ありますよー
ぶばばばばっ
あとでたべるー

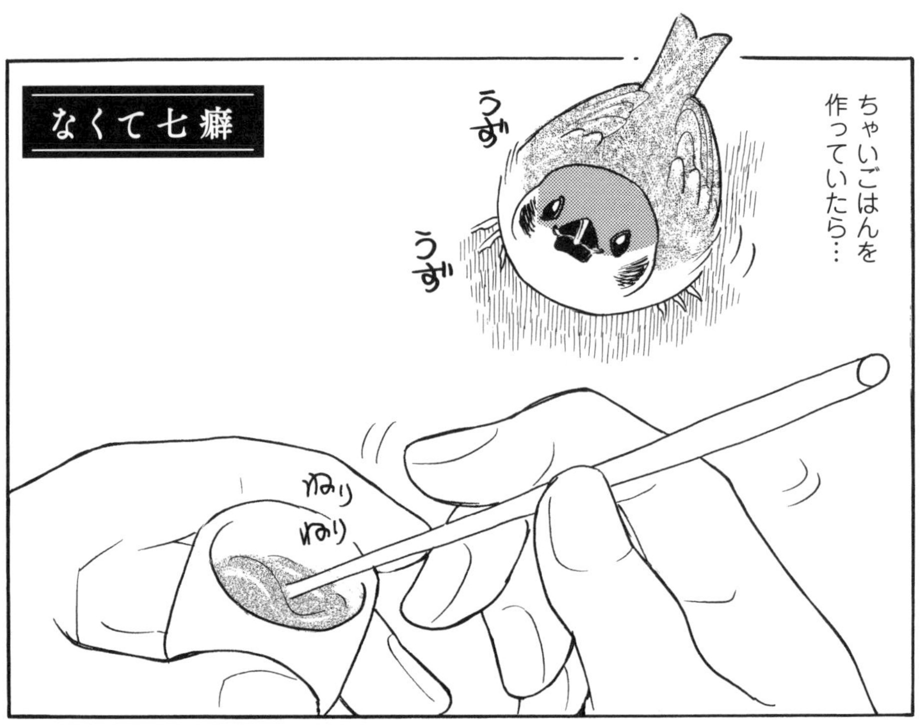
なくて七癖
ちゃいごはんを作っていたら…
うず
うず
ねりねり

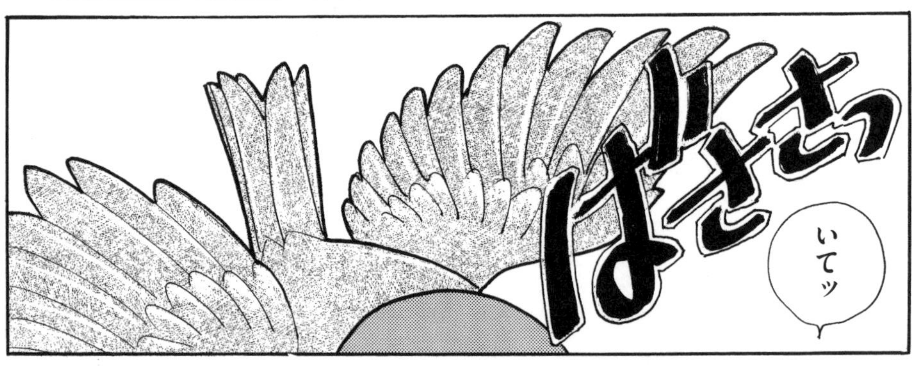
ばさっ
いてッ

…舌突っつかれた
え私舌出してた？

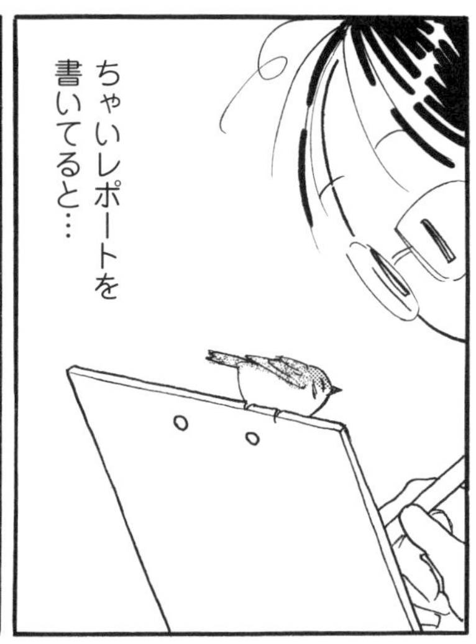
ちゃいレポートを
書いてると…

いてッ
ばさ
ちょん!

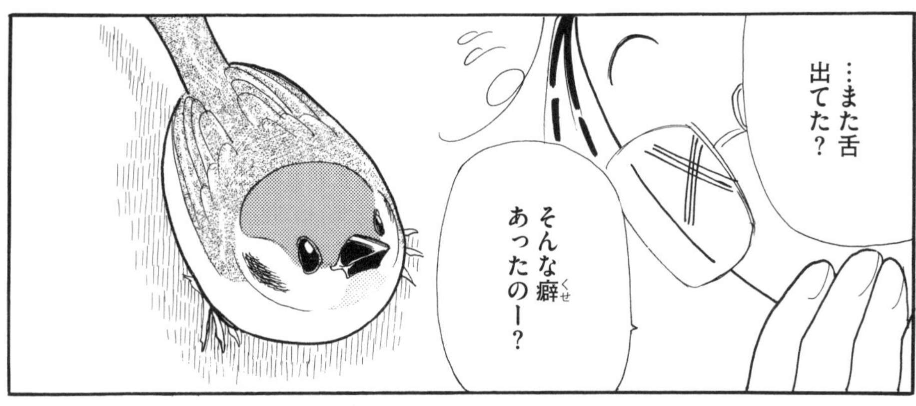
…また舌
出てた?
そんな癖あったのー?

かーちゃん
私って
よく舌
出してる?
え?
知らないよ

ちゃいに舌
突っつかれる
んだけど
……
舌つつき
すずめ
だね
…うまいこと
いわれても…

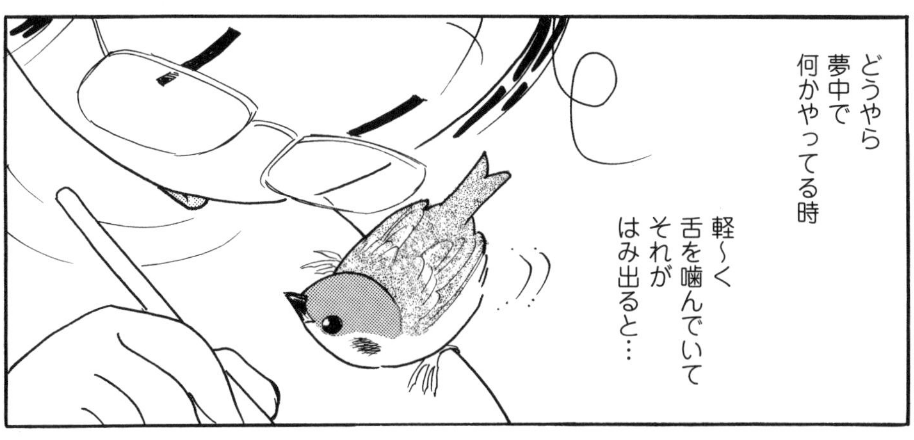
どうやら
夢中で
何かやってる時
軽〜く
舌を噛んでいて
それが
はみ出ると…

つんっ

そんな癖
知らなかったよ
恥ずかしいなぁ
治すから
協力してね
ありがたいなぁ…
ちゅんっ

意識すると
たまーに
舌が出てるのに
気づくように！
あ…

努力のかい
あってか
ちゃいに舌を
突っつかれなく
なったので
癖が治ったと
喜んだんですが…
あれ？
今舌
出てた

ちゃい〜
舌だよー
んべ…

ちゃい〜
かり
かり

ちゃいセンサーが
効かなく
なったので
私の癖が治ったか
どうかは
…なぞ

鳴くの大好き
保護して1カ月くらいから
ちゃいがさえずり始めたので
ぐちゅぐちゅ
ぢょり
ぢょり
ぢちゅっ
ぢちゅっ
ブッブッ

しつっこく口笛を
聞かせてみました！
キレイに鳴いて
欲しいからね！
ピーピーピー
ホーホケキョ
ピーヒチクリ
ピロロロロ
ピチョピチョピチョ
ピチョ
ピ☆

——もちろん弟も
口笛聞かせてました
ピロ〜ピヨ
ピ〜ヨヨヨロ
ピュ〜ピピピピ

そのかいあってか
すっごいキレイに
さえずるように
なりました
ピ〜ヨ〜ヨ
ピチョ
ピ〜ノチョチョチョ
ヂヂ
チーチョ
キュルキュル
ピチクリピ
時々
ゴキゲンで
歌ってます

うちの歴代
文鳥男子は
全員歌ってた
から
ちゃいも
男の子だね
じゃんぷ
じゃんぷ
うっとり…

——でも
SNSで…
すずめは女の子も
歌いますよ〜
え？

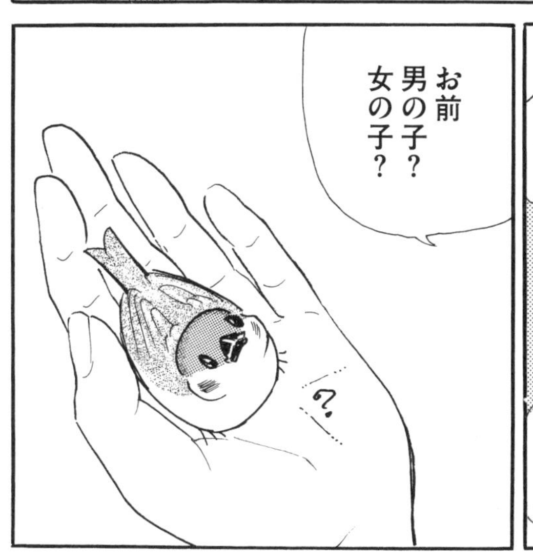
お前
男の子？
女の子？

そんなちゃいは時々すっごく返事します
ぢゃぢゃぢゃっ
ヂャヂャヂャッ

じゃかじゃかぢゃぢゃぢゃっ!!
ヂャヂャヂャッ
ヂャカヂャカッ

ぢゃかぢゃかぢゃかっ
ヂャカヂャカヂャカヂャカッ
あ!
すずめたちが夕方木の中で騒ぐのって
これかぁ!

若いすずめたちは弱いから集団で木をねぐらにするそうです
集団ねぐら
ギャカ
ギャカ
ギャカ
ギャカ
ギャカ
ギャカ
ギャカ
ギャカ
ギャカ
大騒ぎは「みんな寝るよー」のご挨拶だとか…

ヂャカ
ヂャカ
ヂャカッ
?
……
ヂャカッ!
ヂャカ
ヂャカッ
あ～
ハイハイ
ぢゃかぢゃか
ぢゃか
ぢゃか
止め時が
わかんないよ～。

ヂャカ
ヂャカ
ヂャカ
…仲間だと思って
くれるなら
ちょっと嬉しい
ですけどね
ぢゃかぢゃか
ぢゃか
ぢゃかぢゃかっ
ヂャカ
チャカガッ

姉弟タッグ

姉弟(きょうだい)タッグ
私と弟は
行動パターンが違い
仕事もプライベートも
お互い干渉しない
距離感です
家以外

…でも
ちゃいの世話は
2人で
役割分担

マイペース
だった2人が
すずめタッグを
組みました!
へんな表現だ…

9日 撮影だから
ちゃいよろしく
うん 私は13日
イベントだから
ちゃいよろしく
8 AUGUST
母のカレンダーに勝手に書き込む姉弟

母を4時間以上
1人にできないので
え？
スケジュール
合わせは
大切です

19日
出かけちゃうから
よろしく
えー その日は
友人とカラオケ…

仕事だから
ぴしっ！
う
ごめーん
来週にして
え…だめ？
じゃ再来週…
…ちょっと
悔しい

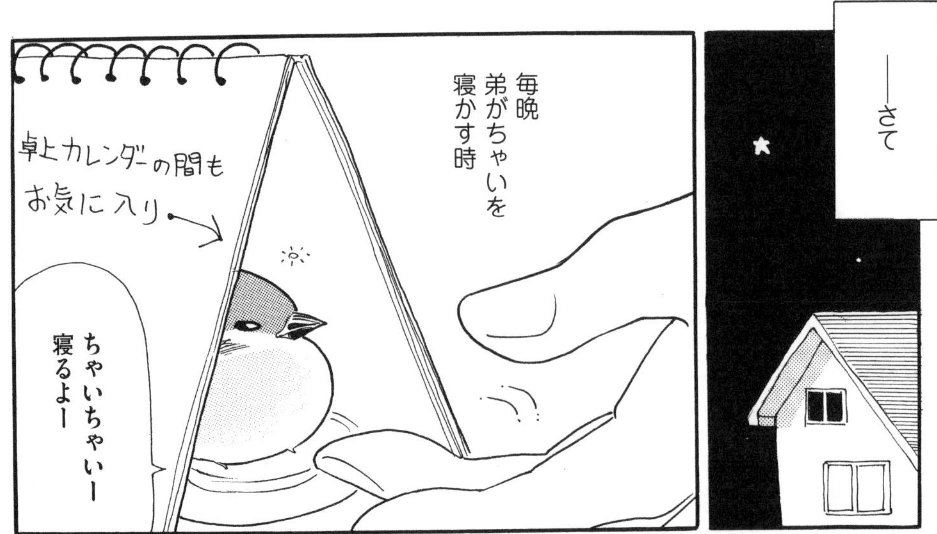
——さて
毎晩
弟がちゃいを
寝かす時
卓上カレンダーの間も
お気に入り
ちゃいちゃいー
寝るよー

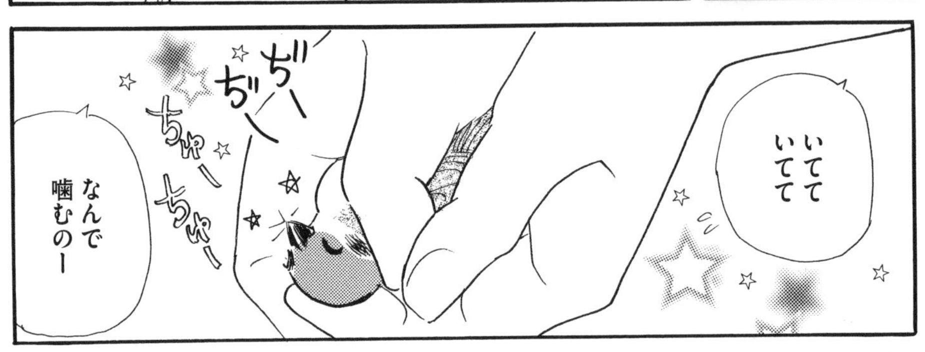
いてて
いてて
ぢ
ぢ
ちゃー
ちゃー
なんで
噛むのー

痛くは
ないでしょ
？
弱いから…
ちゃ
ちゃ
柔らかいとこ
選んで
噛むんだよ～

でも私が
寝かす時は
ちゃい
捕まえるよ
かーちゃん
電気消して！
うん

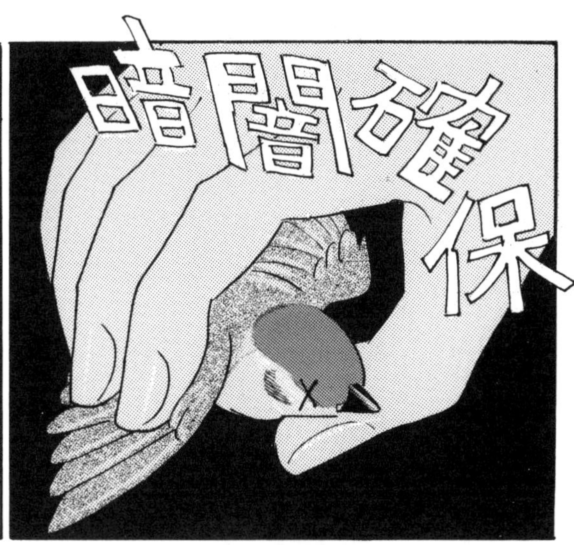
暗闇確保

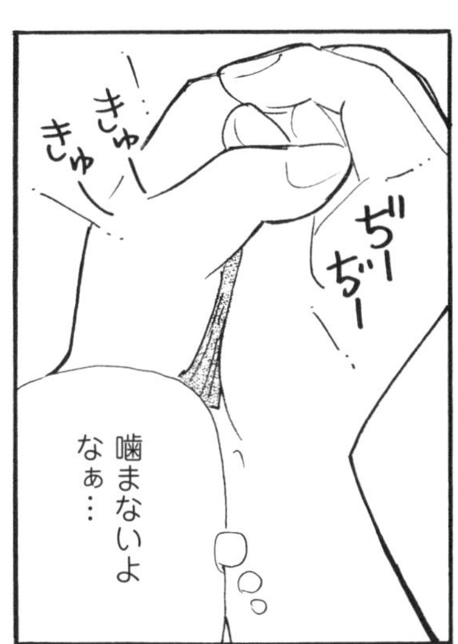
きゅ
きゅ
ぢー
ぢー
噛まないよなぁ…

捕まえても噛まれたことないよ
えっへん!
萎縮してんじゃない?

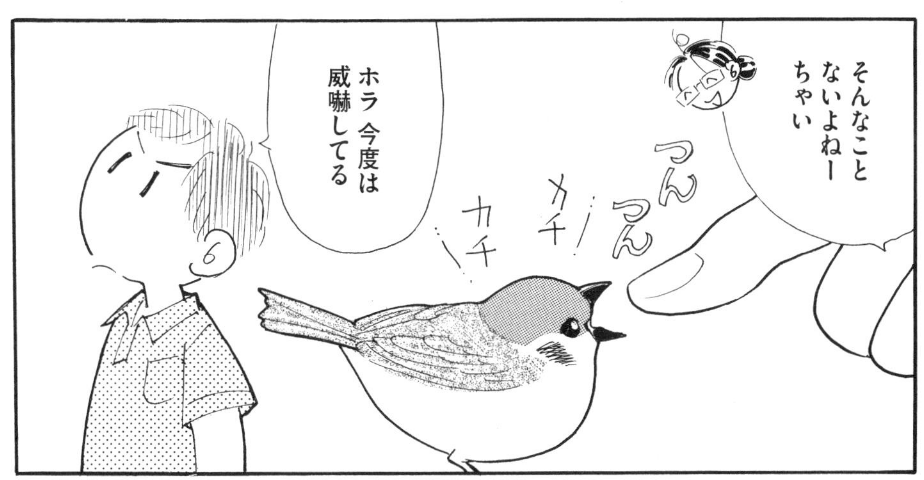
そんなことないよねーちゃい
つん
つん
カチ
カチ
ホラ今度は威嚇してる

――そして
自宅に帰ると時々
外からちゃいが見えます
あちゃいだ
ただいまー
ぢゃぢゃっ!
……
…返事くらい
してよー

ただいまー
ガチャ★
ぱたたた
ヂャ
ヂャヂャッ
え～
お返事は
家の中
だけー？
ぢゃぢゃ
ぢゃっ!

しかし弟の場合は…
おっちゃい
ギャギャッ
…！
ただいまー

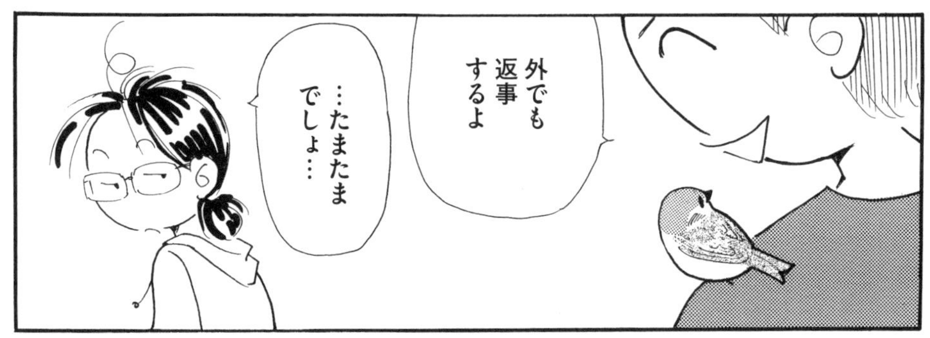
外でも返事するよ
…たまたまでしょ…

ばちばちっ
しょっちゅうだよー…
弟とはというよりタッグ
ちゃいの愛情ライバルなのかも…

止まらない咳

9月18日
けちゅん
けちゅん
ちゃいが
咳をしていました
食器棚の上

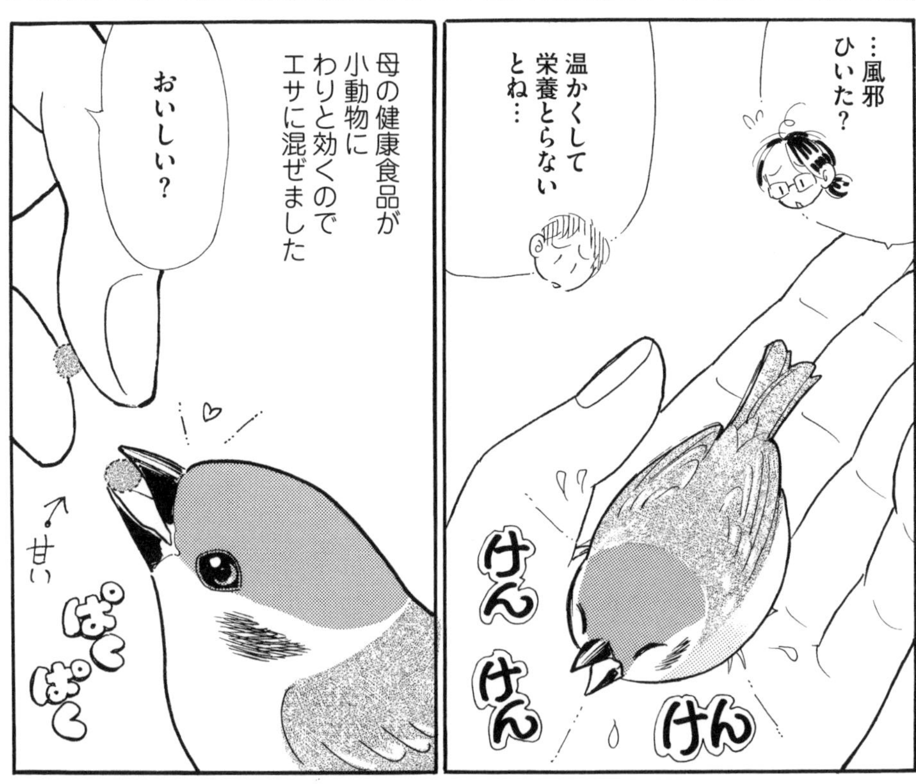

…風邪
ひいた?
温かくして
栄養とらない
とね…
けん
けん
けん
母の健康食品が
小動物に
わりと効くので
エサに混ぜました
おいしい?
甘い
ぱく
ぱく

次の日
ぱさっ
オハヨー
治った?
ちゃい元気!

夕方…
けちゅん
けちゅん
まだ治ってないね…
うん

さらに次の日
今日はちゃいどう?
元気
ぢゃっ!

でも夕方…
けちゅ
けちゅ
こん
こん

1日咳が出ない日もあって
カチ
カチ
やっと治ったと思っても
次の日にはまた…
ケチュ
ケチュ
――そんな日が続いて…
9月25日
けちゅん
けちん
けちゅん
けん
けん
けん
けん
けん
けん
今日はずっとひどい咳込みなんだ
病院連れてく？
あ…日曜か

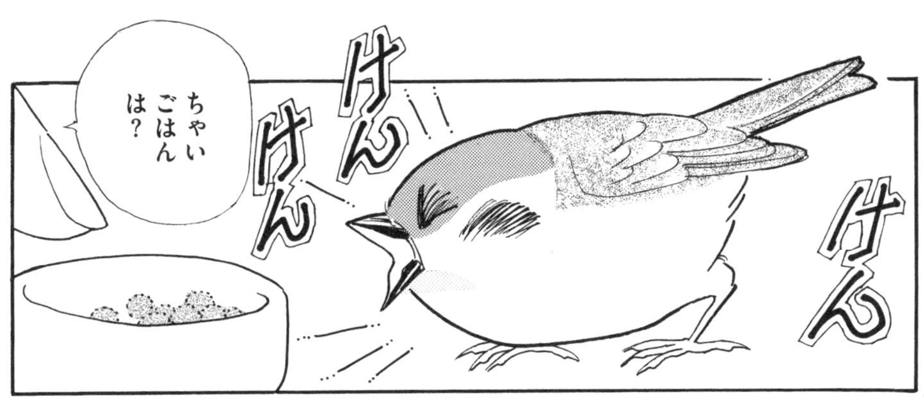
けん
けん
けん
ちゃい
ごはん
は？

ぐしぐしっ
しーん
今日はずっと
食べて
ないよ…
大丈夫
かなぁ…

ただの
風邪
かなぁ…
感染症とか
まさか
鳥インフル
とか…？
けちゅ
けちゅ
ちゃーちゃん
かわいそう…
まずいよコレ
かなり
弱ってる…
けちゃん
けちゃん

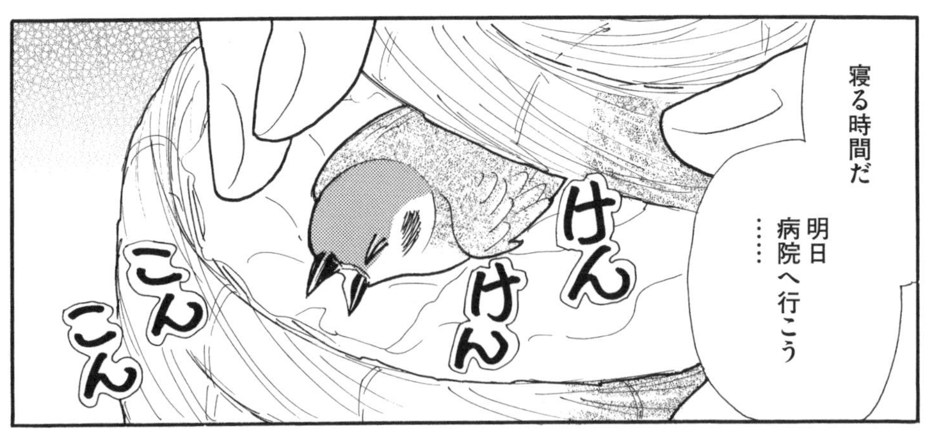
寝る時間だ
明日
病院へ行こう
……
けん
けん
こん
こん

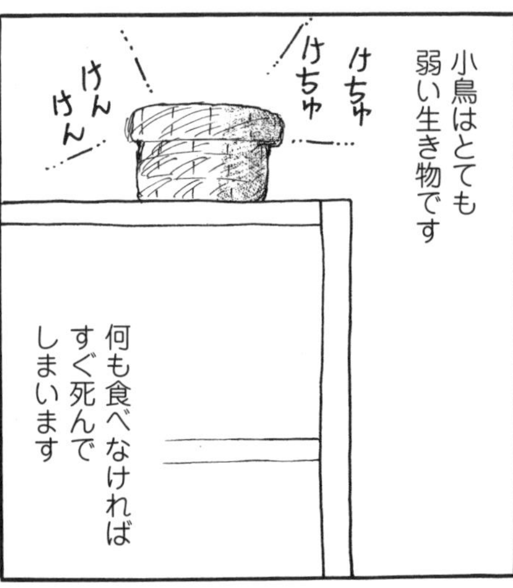
小鳥はとても
弱い生き物です
けちゅ
けちゅ
けん
けん
何も食べなければ
すぐ死んで
しまいます

あんなにちっちゃい体を
いっぱい使って咳をして
けちゅ
けちゅ
けちゅ
苦しそうで…

体力
もつかしら
朝まで…
けちゅ
けちゅ
こん
こん

ちゃいの好きな食器棚…
！

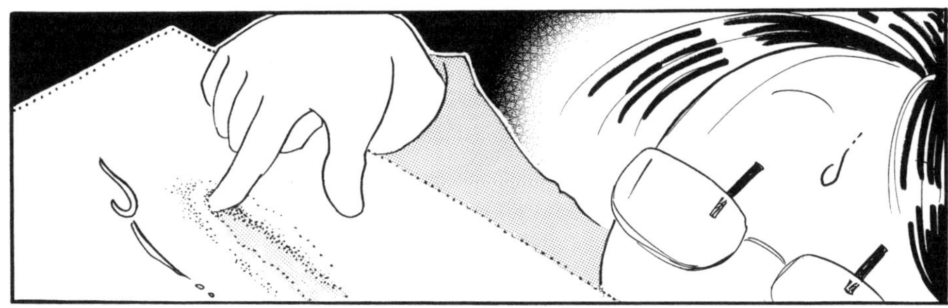
つー…

雪みたいに積もったこまかーいホコリ
～♪
ふわふわ
さくさく
ちゃいはいつもこの上で遊んで——…

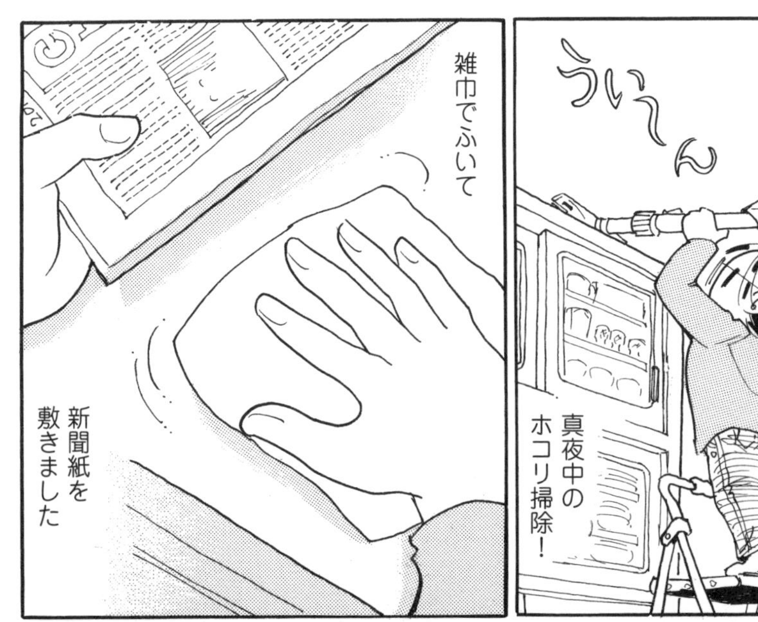
まさかとは
思いましたが
念のため
うい〜ん
真夜中の
ホコリ掃除!
雑巾でふいて
新聞紙を
敷きました

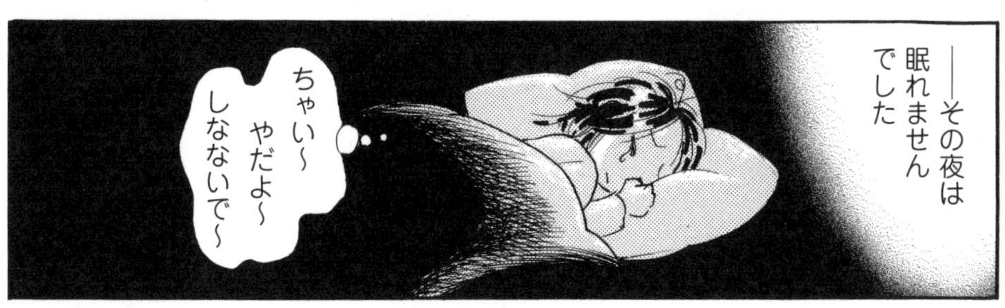
――その夜は
眠れません
でした
ちゃい〜
やだよ〜
しないで〜

弟は
明けるまで
夜が
ずーっと
ちゃいの咳込みを
聞いていた
そうです
けん
けん
けん
けん
けん

朝7時ごろ
ちゃい
…どう?
うん…
さっきやっと
静かになった
けど…
静かに
…って
眠ったの?
それとも…
ちゃい?
そっと…
——半分覚悟は
してました

かぱ
ぶりゃっ!

げ…元気だね
食欲もあるし
ぴちぴち
朝はけっこう元気だからまだ油断できないよ…

夕方すぎても元気!
なので病院は様子見…

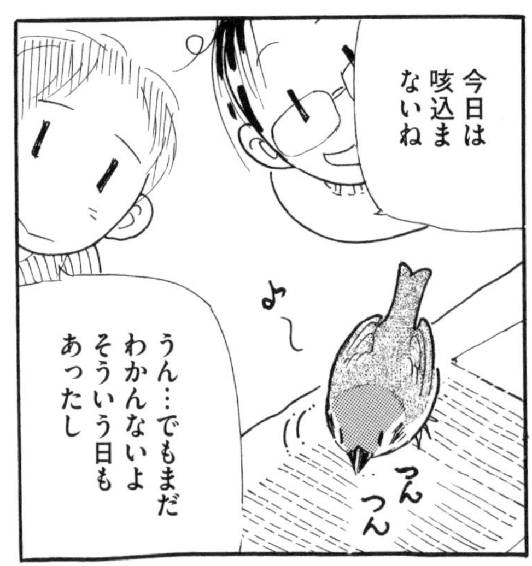
今日は咳込まないね
よ~し
うん…でもまだわかんないよそういう日もあったし
つんつん

でも
その日から
ずーっと元気！

やっぱり
あの積もってた
ホコリだ！
こんこん
ちゃいは
ホコリ
アレルギー
なんだ！

今まで文鳥もうさぎも
ハムスターも人間も
ホコリに反応は
しなかったので
もく
もく
アレルギーなんて
思いもよりません
でした
いや… ここまでヒドくは…

食器棚に敷いた
新聞紙に
ちょっかい
もうホコリは
ありません
パリ
パリ
あ！
コラ

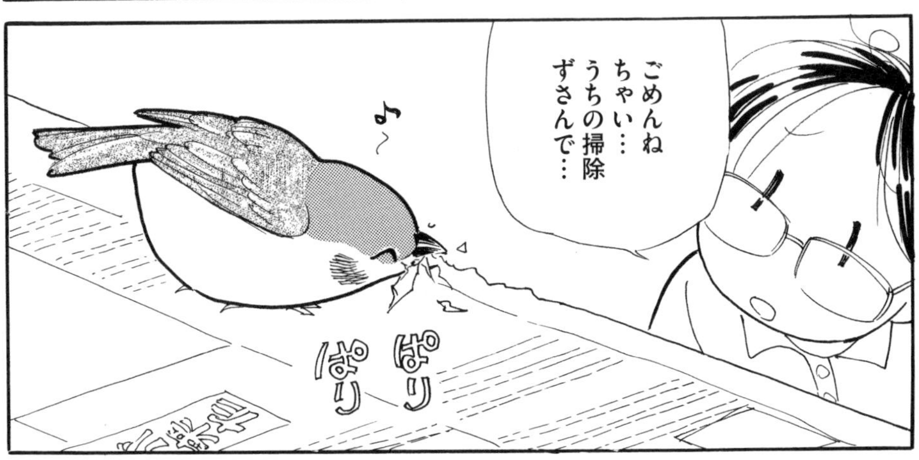
ごめんね
ちゃい…
うちの掃除
ずさんで…
ぱり
ぱり

それから弟は
時々掃除を
するように
なりました
ちゃいは掃除機
怖くないみたい
です
うぃ〜ん

大人になったら…

大人色

オハヨー
あー いっぱい 羽毛が 抜けたねー
のび‼〜…

9月を過ぎて換羽期が始まりました
カリ・カリ

抜けた羽毛は何となく空きビンに入れました

ヒナトヤ…つまり大人の羽に衣替えです
ちゃいもいよいよ大人すずめになるのです!

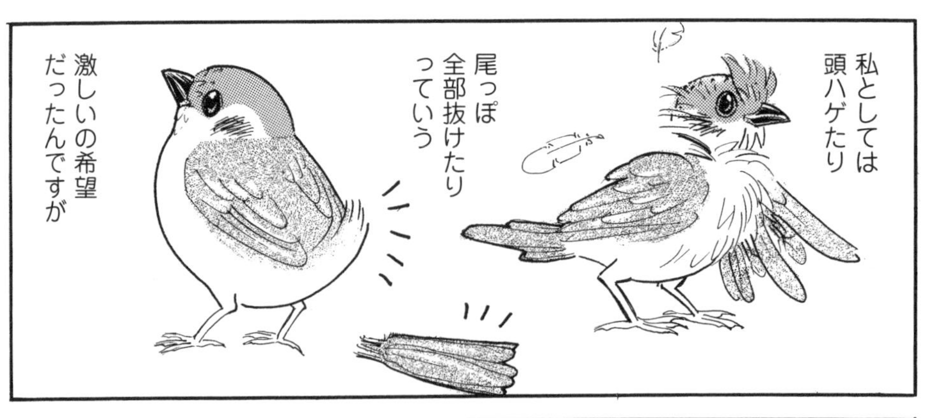
私としては
頭ハゲたり
尾っぽ
全部抜けたり
っていう
激しいの希望
だったんですが

ちゃいはゆっくり
少ーしずつ
上手に生え替わって
見た目は
ほとんど
変わりません
でした

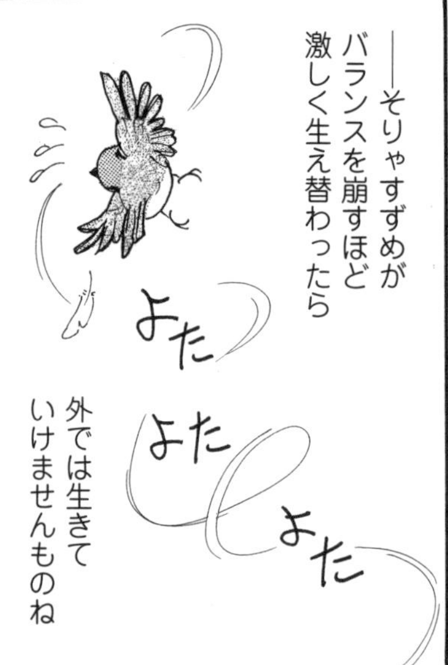
――そりゃすずめが
バランスを崩すほど
激しく生え替わったら
よた
よた
よた
外では生きて
いけませんものね

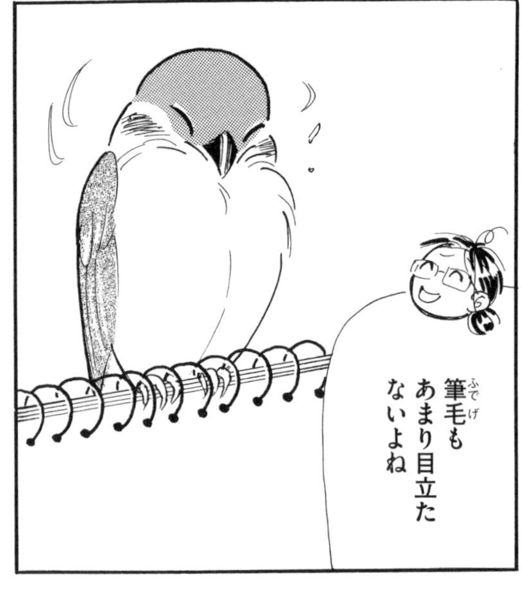
筆毛(ふでげ)も
あまり目立た
ないよね

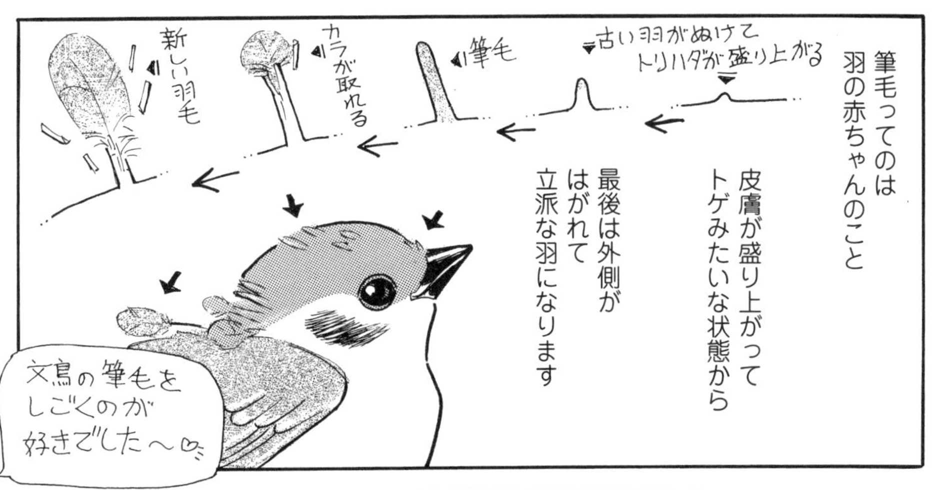
筆毛ってのは
羽の赤ちゃんのこと
古い羽がぬけて
トリハダが盛り上がる
筆毛
カラが取れる
新しい羽毛
皮膚が盛り上がって
トゲみたいな状態から
最後は外側が
はがれて
立派な羽になります
文鳥の筆毛を
しごくのが
好きでした〜♡

生え替わるに
つれて
ココ
くちばしのつけ根の
黄色も徐々に
消えていきました

この黄色
大人になったら
なくなるの？
もったいない
なぁ…
？
チャームポイント
なのに〜…
子どもの
ままで
いてー
はたッ
ヤ！

そして
11月の26日ごろ
までには
くちばしの黄色は
すっかり消えて
ついに
大人ちゃい
完成

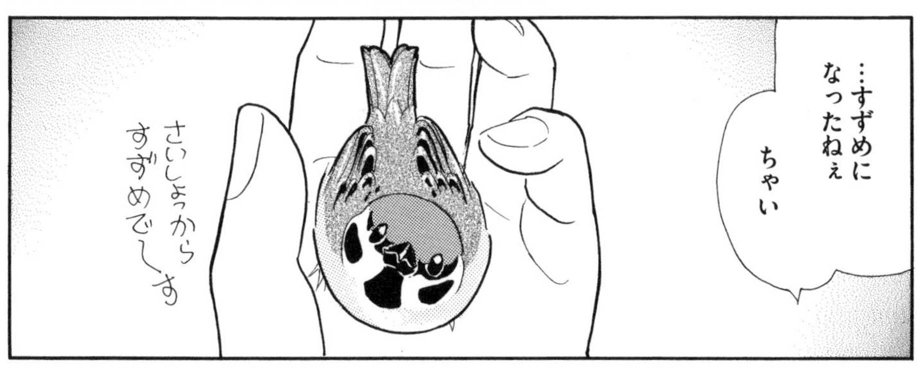
…すずめに
なったねぇ
ちゃい
さいしょっから
すずめでし〜す

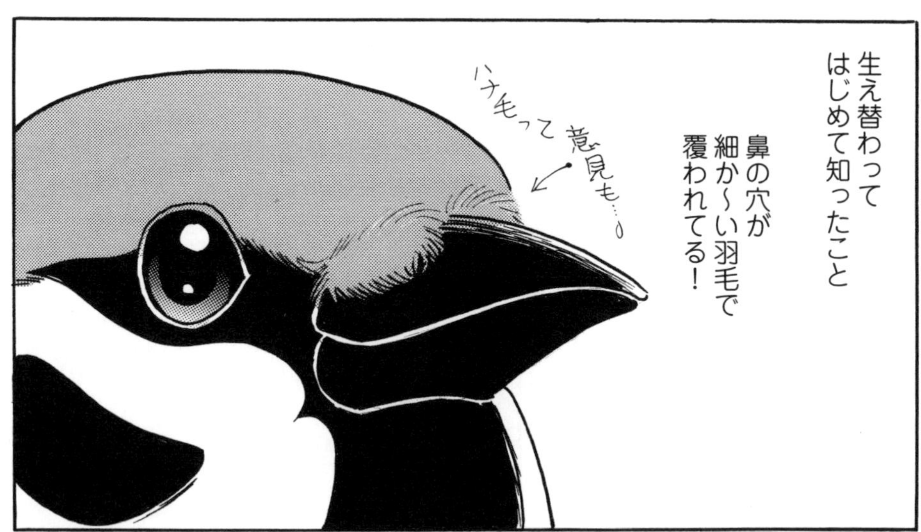
生え替わって
はじめて知ったこと
鼻の穴が
細か〜い羽毛で
覆われてる！
ハナ毛って
意見も…。

日本の冬は寒いから
耳カバーや
マフラーみたいに
鼻を
温めるの
かな…
文鳥や
南国生まれの
インコには
ありませんよね
ひょっとして
すずめだけ?

と思ったら
カラスにも
ありました!
自然の
デザインって
スゴイです

抜けた羽は
ちゃい1羽ぶんの
少しぼんやりした
薄茶色です
どぉしよぉ
この子ども服
愛おしくって
捨てられないよ～

大人体力
ちゃいは好奇心いっぱいの子ども時代を終えて
強くたくましいすずめに成長！

…と言いたいところですが…
ポリポリ…
落花生
ぱたた

え？落花生食べたいの？
うん

たまにはいいか…少しだけだよ
パリッ
パリッ。。

はい
どーぞ

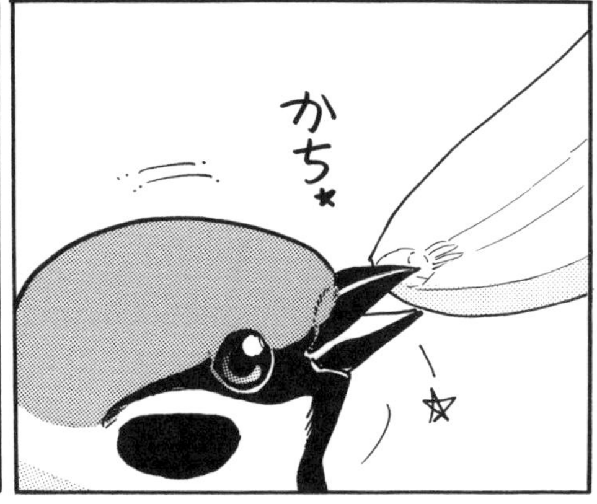
かち★

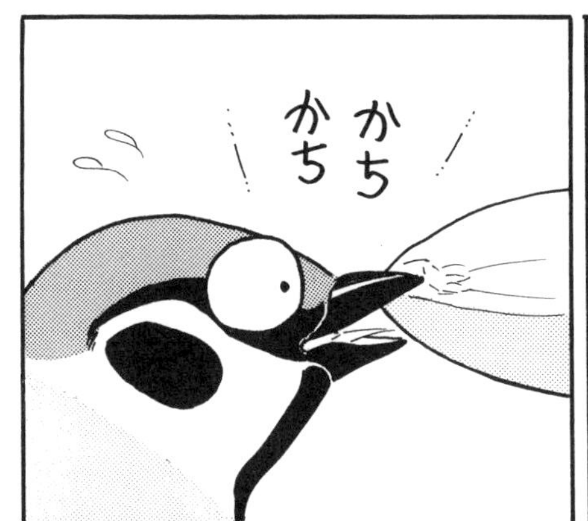
かち
かち

がち
がち
…あれ？
カタい？
食べられない？
がち★

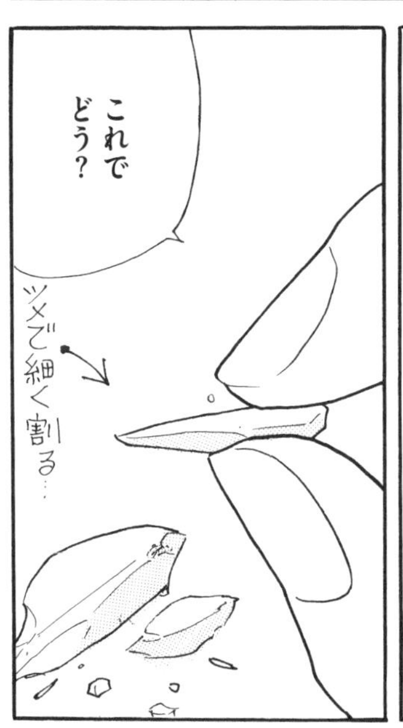
これで
どう？
ツメで細く割る…

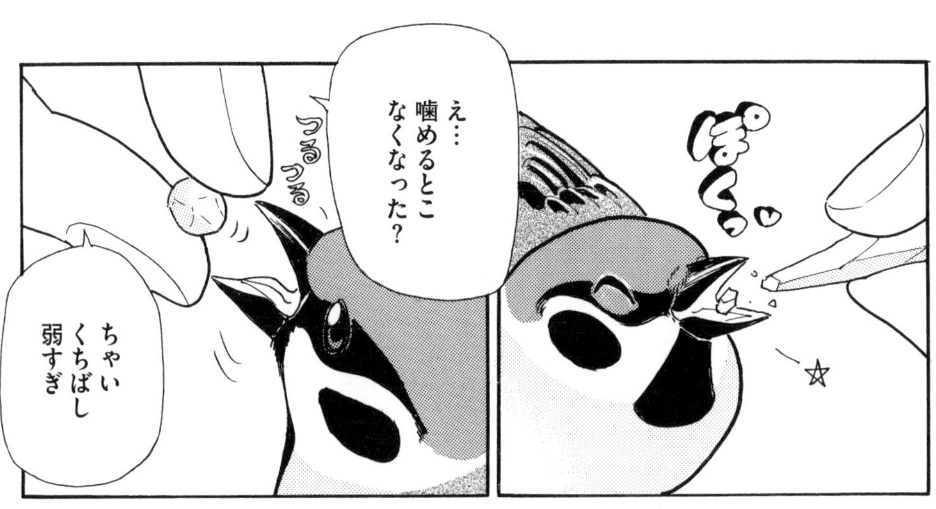
ぽくっ
え…
噛めるとこ
なくなった?
つるつる
ちゃい
くちばし
弱すぎ

そんなこと
ないもん!
かみっ
痛っ…

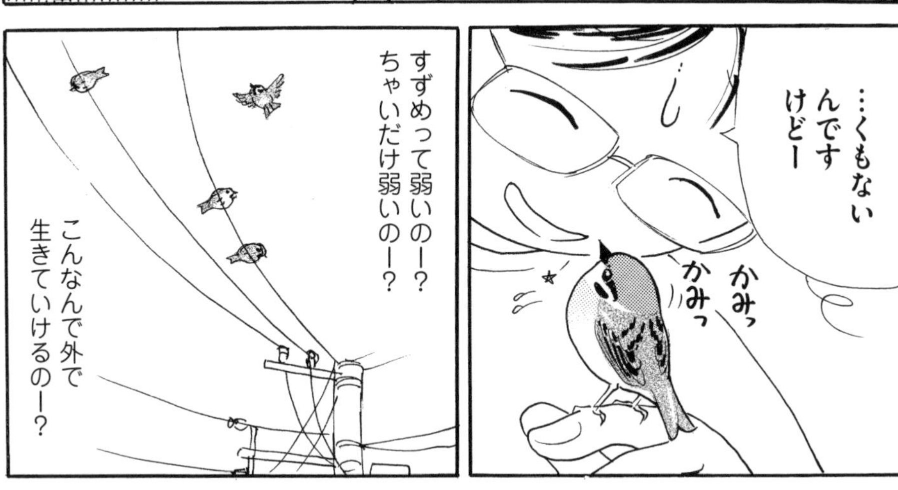
…くもない
んです
けどー
かみ
かみっ
すずめって弱いのー?
ちゃいだけ弱いのー?
こんなんで外で
生きていけるのー?

つるん!
…で骨折したせいか
足も弱いんですけど…
すととと――っ
なぜか走るのはものすごく速いです
インコの2倍
文鳥の1・5倍!

気をつけてそこにちゃいいる
どこ?
いや 今はそっち
分身の術か?
何羽いるんだちゃい!

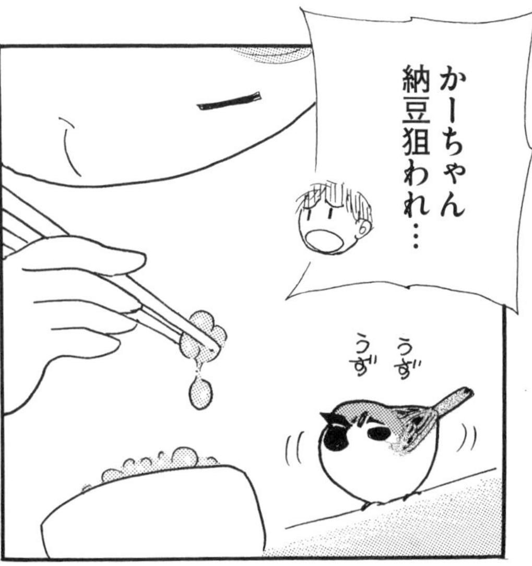
かーちゃん
納豆狙われ…
うずうず

ぴゅん

あっという間！
ととと—っ
やられたー

この素早さは
敵から逃げる
ためだね
ぱたぱた
…ふつう
飛ぶでしょ
とててー

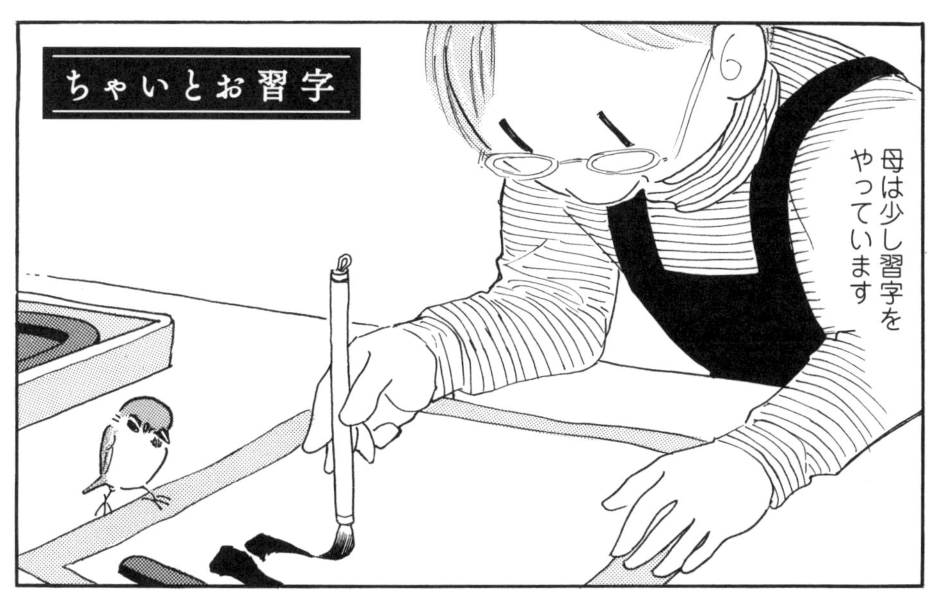
ちゃいとお習字
母は少し習字をやっています

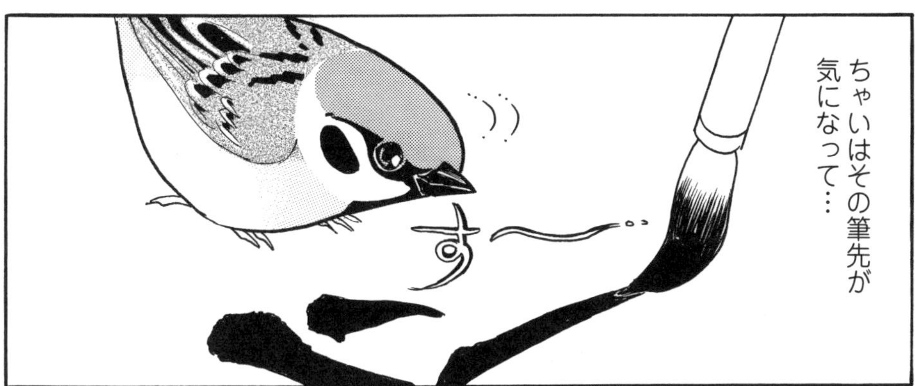
ちゃいはその筆先が気になって…
す〜

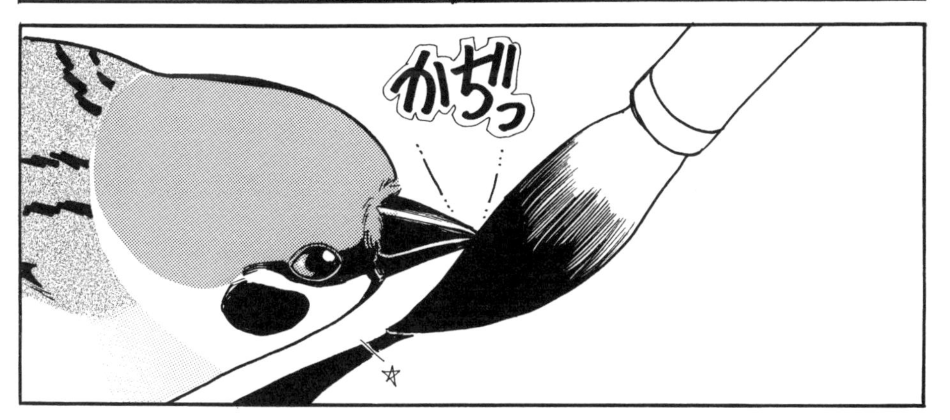
かぢっ

カタ
カタ

ダメよー
ちゃーちゃん

ペッ
ペッ
わーッ
口ん中
真っ黒

かーちゃん
筆かじらせちゃ
ダメだよ
かじっ
ちゃった
のよー

わーッ
濡れたとこ
食うな～
もしゃ
もしゃ

ちゃーちゃん
ダメよー
墨汁ってニカワ
入ってんだぞ…
大丈夫か？
穴

かーちゃん！
1人の時
習字しちゃ
ダメだからね
大丈夫
よー
…弟がいても
これだ！

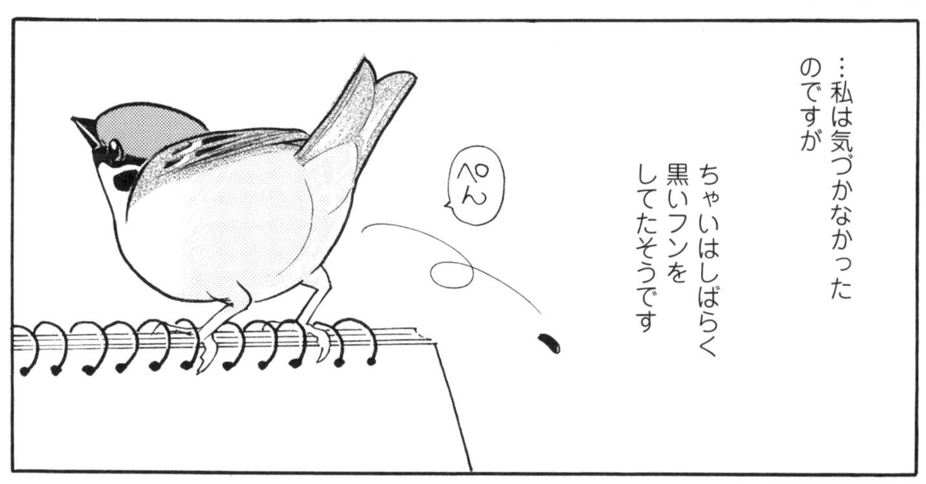
…私は気づかなかった
のですが
ちゃいはしばらく
黒いフンを
してたそうです
ぺん

弱い鳥と書いて
「弱い鳥」と書いて
すずめと読む?
雀
鶸
弱鳥
…似てるけどね…
…残念!
ヒワと読む
そうで…
書・母

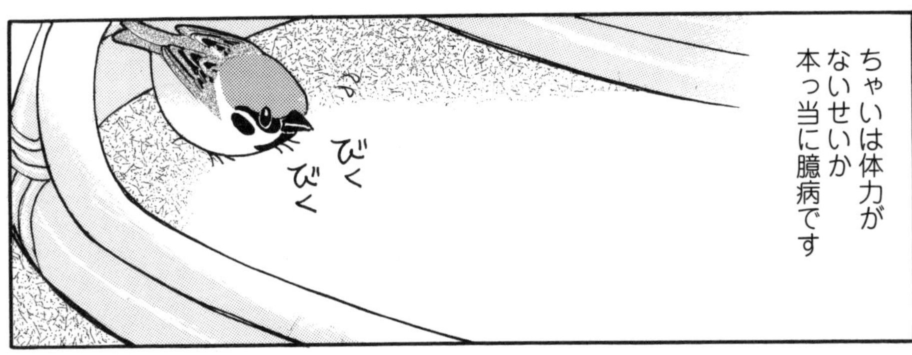
ちゃいは体力が
ないせいか
本っ当に臆病です
びく
びく

それでも子供のころは
怖いもの知らず
だったのですが
♪ー
かじ
かじ

大人に
なったら
かちゃ☆
あっ
かえって
きた!

ぱた
ぱた
ぱ
!
ばさ〜っ
ただいまー
ぶん
ぶん
…なに?
…その緑のコート
おかえりー

ぶんっ
ぶん
ぶん
ぶん
ばさっ
ぶん
あ ゴメン
その場で脱いでもパニック

コート 玄関に
出しとくねー
もお
見えない
よー
ぽいっ

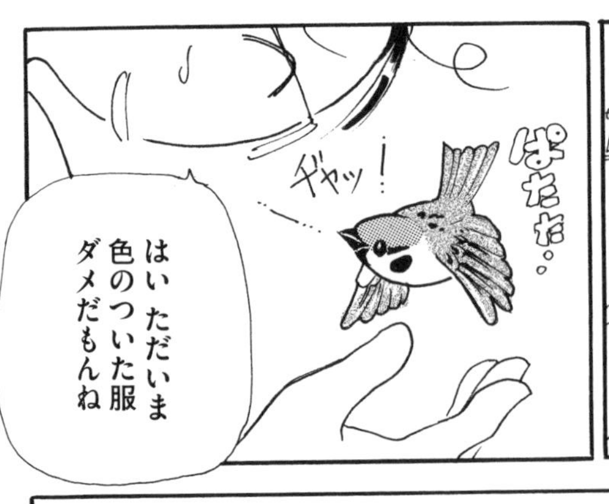
ぱたた
ギャッ!
はい ただいま
色のついた服
ダメだもんね

パステルカラーも
ヒナのころ
これ着てたのに…
チェックや
ボーダーも
ダメ!
しらない色の
ひらひらは
キケン!

あたしは
大丈夫
だよ
かーちゃんは
ちゃいが好きな
色しか
着ないから…

地味一家
——だから
うちではみんな
グレーと黒と白と
茶色の服…
OK

知らない人も
もちろんダメ
ぱたた
こんにちは
あら
すずめ
ちゃーちゃん
っていうの

ぺちゃくちゃ
ぺちゃくちゃ
帰るまで
高いところから
おりてきません
—でも
ノラ猫の
ちゃーちゃん

うずうず
……

あっコラ
しっしっ！
すたすた

なんで
猫は平気
なんだよ～
ぢゃっ？
危険判断
間違ってるぞ
ちゃい

フォトジェニック
SNSでちゃいの写真をあげていました
スマホないのでデジカメの写真です

あ！可愛いカメラどこ？カメラ！
ぶわっ！

…仕事場に置いてきた……
これ以上ないほどふっくらあすずめ
わな…

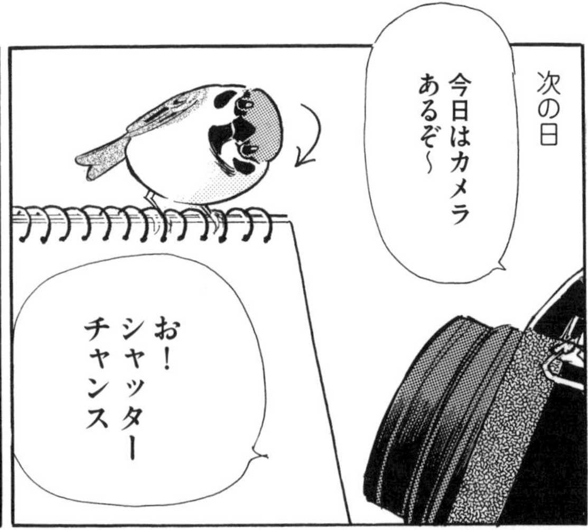
次の日
今日はカメラあるぞ～
お！シャッターチャンス

ぱさっ
うい～ん

…ちっともじっとしてないんだもんな～
ちょこまか
ちょこまか
～♪

お♡あくび

ぱしゃ
あ～～～
…これはこれで可愛いんですけどね…」

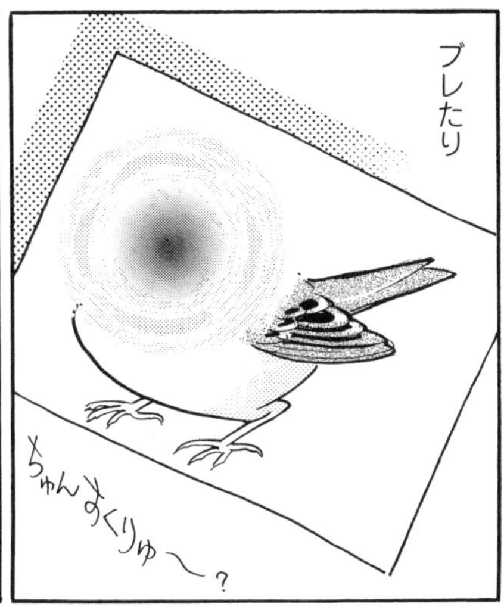
ブレたり
ちゃんすくりゅ〜？

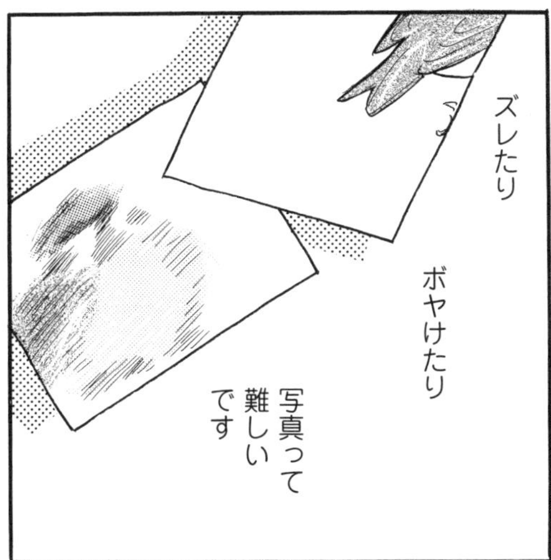
ズレたり
ボヤけたり
写真って
難しい
です

…どうしても
ピント
合わないいん
だけど…
だから
このカメラ
はね――

…とかいう弟は
普段仔犬や仔猫を
撮るカメラマンの
くせに

ちゃいの写真は
めったに撮りません
可愛いね〜
でれでれ
仕事は
持ちこみたくない
みたいです

私のデジカメを置いとくと
たまーに撮ってくれますが
ぱしゃぱしゃぱしゃぱしゃ

プロのクセなのか
同じショットが
いっぱい…
ひ〜どれを
選べば
よいのやら…
ビミョーに違う…
Pc

…で投稿すると
「いいね」とかが
私よりたくさんつきます
1 2 6
…だよなぁ
3 128 389

よしっ
負けないの
撮るぞ！
ちゃい！
モデル
よろしく！
はて？

もうすぐ
クリスマス！
すっごく
可愛いのが
撮れると
思うのよ

ちっちゃい
オーナメントや
ツリーを
みつくろって
置きもののすずめ
（モカ）
ちゃいが一番
よく行く場所に
セッティング

…したところ
……
近寄らなく
なりました

ちょっとで
いいから
乗ってみない？

??
ぱさ。。
あ〜〜〜

…だよなあ
もう思い通りには
いかないよなあ…
がっくし。。
…でもな〜
かわいいのにな〜
クリスマスなのにな〜…

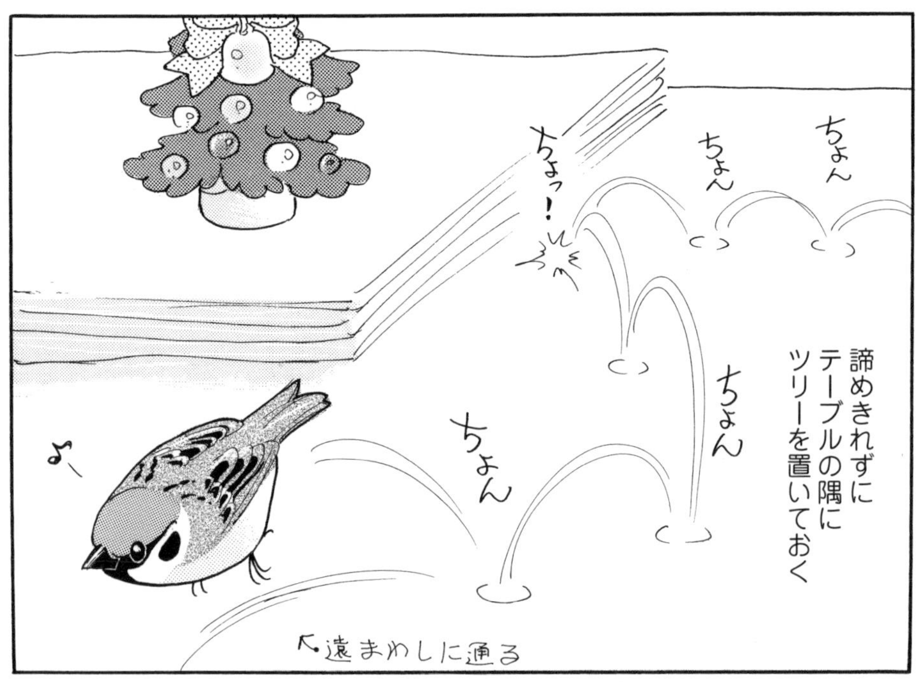
諦めきれずに
テーブルの隅に
ツリーを置いておく
ちょん
ちょん
ちょっ！
ちょん
ちょん
↖遠まわしに通る

あ！今だ
ぱしゃ☆

今度こそ
ぱしゃ☆

つ…ついに撮れた〜!!
ぱしゃ☆
ぼんやり〜
奇跡的にフレームイン！

「いいね」ちょっぴり…
写ってりゃいいってもんじゃないのね…
はらいせに陶器のすずめ人形で撮りました
いいねーモカ姐さん♡
モカ姐さん
最初っからあたしにすべきだったのよ

ある日、すずめがやって来た。

家族時間
うちの家族は
起きる時間が
バラバラです

私は11時
とりあえず
夜型
母は8時
お店の頃より
おそいのよ〜
弟は13時
超夜型
…なのですが

弟はちゃいの世話で
朝10時ごろまで
起きているので
アミロイドβ
たまる〜
ぼ〜
ちゃいが来て
睡眠時間激減
0
6
12
18
万年
寝不足
状態…

ちゃいのせいで
弟限界
だってよ
はて？

私が早く起きる
べきだよね
…でも仕事
終えるのが
夜11時だから
つん
…うーん

そうか！
帰る時間を
ずらせば
で起きる
時間を…
つる
自由業だし…

これから私
8時に
起きるよ！
生活時間をぜんぶずらします。
じゃ
…オレも
合わせよ
っかな…
いきなりは
ムリだけど…

それでは
ダラダラと
時間が乱れる
お正月を
利用して
三が日が終わった
4日から
やってみよう！

明けて新年！
ちゅん
ちゅん

4日の朝に決行！
朝8時起床
干支写真は撮れました…

ちょっぴり混乱しましたが
時差ボケの2人
変化ナシの2人
ふあ～
ぼ～
仕事場行ってきま～す

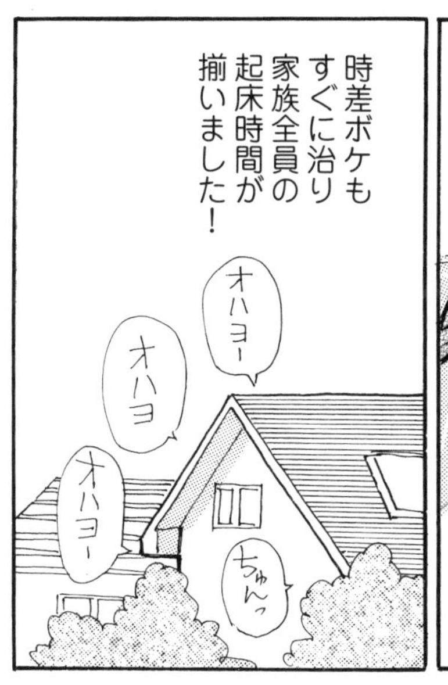
時差ボケもすぐに治り家族全員の起床時間が揃いました！
オハヨー
オハヨ
オハヨー
ちゅんっ

――それでも朝は
主に弟が
ちゃいの世話を
してますけどね…
オハヨー
ワーム
食べる？
朝は
忙しい
のよ！
ばた
ばた

朝ごはん
できたよー
コトン☆

一家揃っての
朝食…
今まで
朝食無し
だった奴
…また納豆？
たべる？
かーちゃん
ちゃいが漬物
狙ってる

昔から
朝はそれぞれ
忙しくて
1人での朝食
それが当たり前の
日常だったのに
…この歳に
なってね

これは
「ちゃいのため」という
思いのもと
小さな1羽が
起こした
大きな革命で
ありました

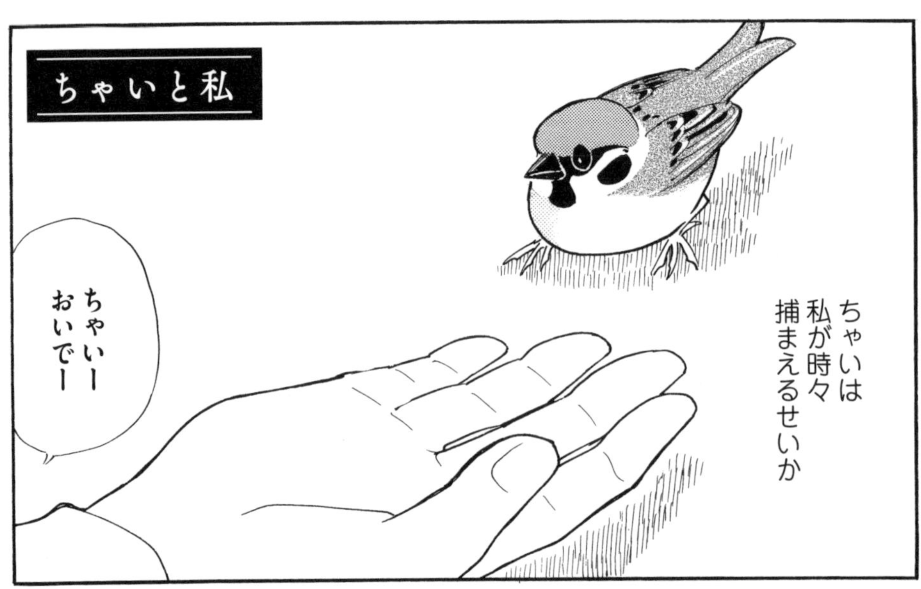
ちゃいと私
ちゃいは
私が時々
捕まえるせいか
ちゃいー
おいでー

カチ
カチ
えー
威嚇ー？

誘っても
めったに乗って
きてくれません
捕まえ
ないって
ば～

なのに
自分からは…
ぱたた

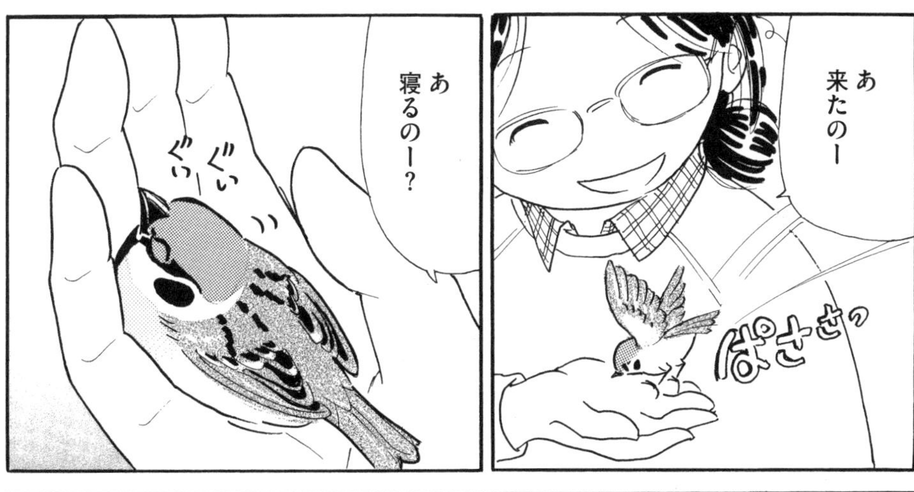
あ
来たのー
ぱさっ
あ
寝るのー?
ぐい
ぐい

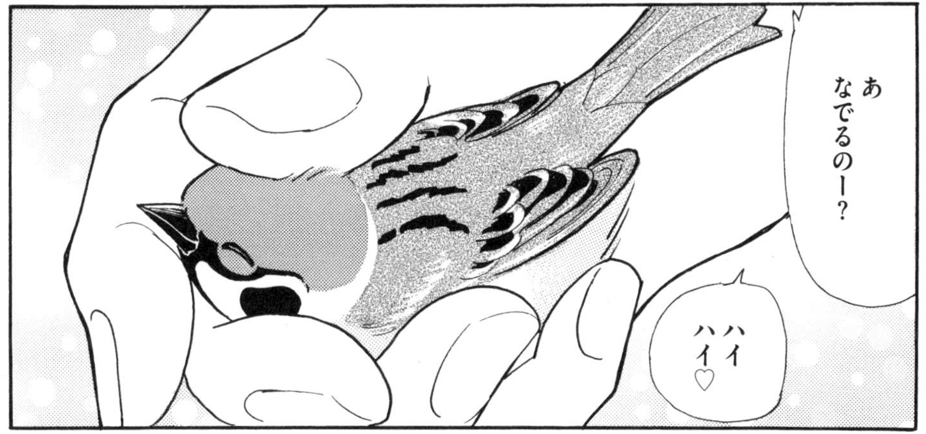
あ
なでるのー?
ハイ
ハイ♡

気まぐれ
だなぁ
よしよし

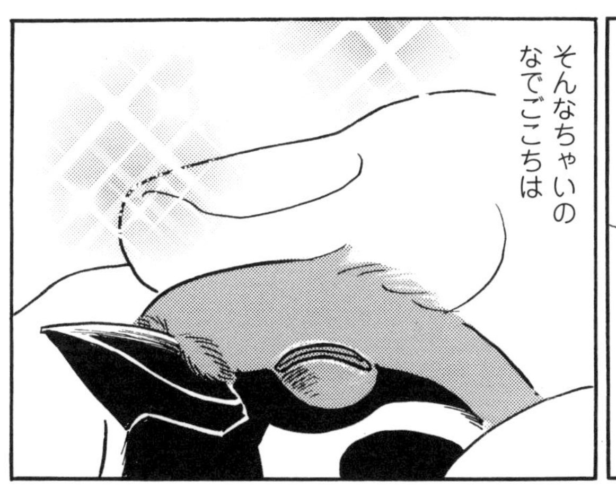
そんなちゃいの
なでごこちは

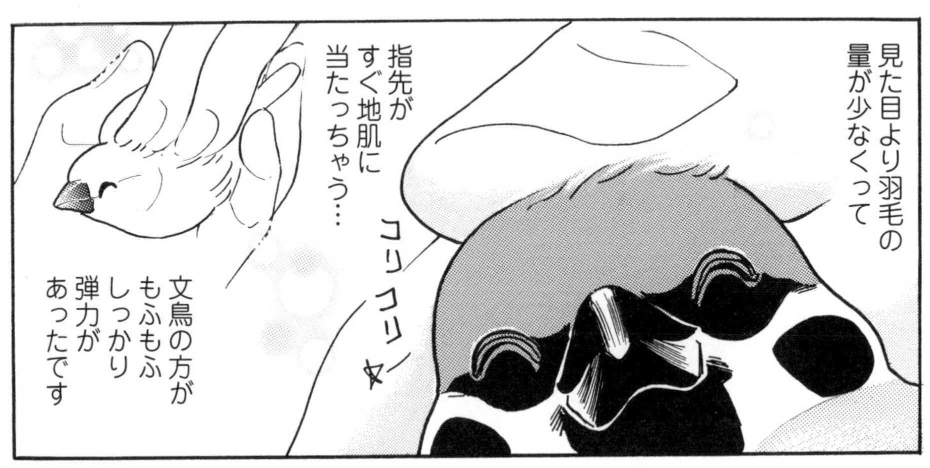
見た目より羽毛の
量が少なくって
指先が
すぐ地肌に
当たっちゃう…
コリコリ
文鳥の方が
もふもふ
しっかり
弾力が
あったです

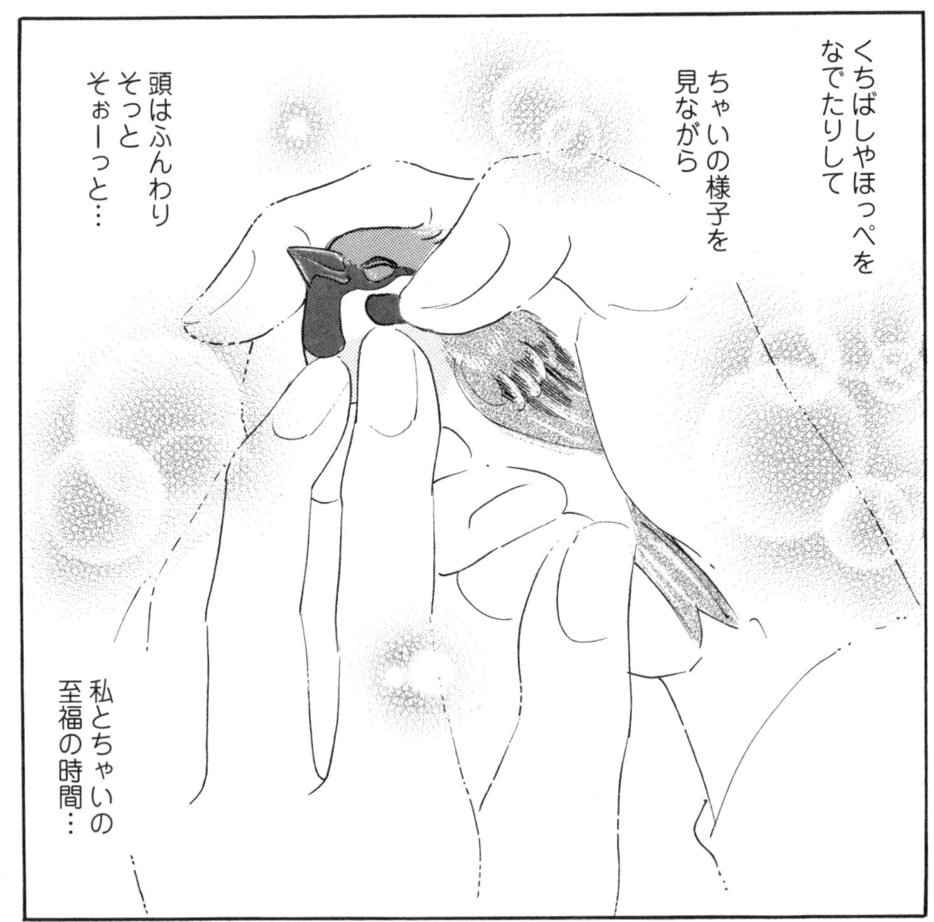
くちばしやほっぺを
なでたりして
ちゃいの様子を
見ながら
頭はふんわり
そっと
そぉーっと…
私とちゃいの
至福の時間…

…弟の場合
ちょん

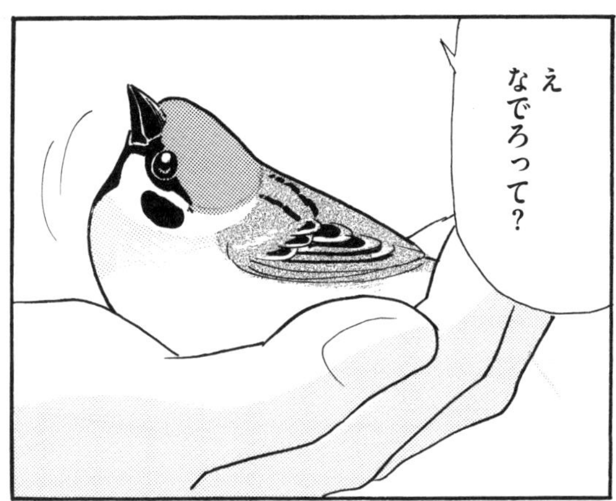
え
なでろって?

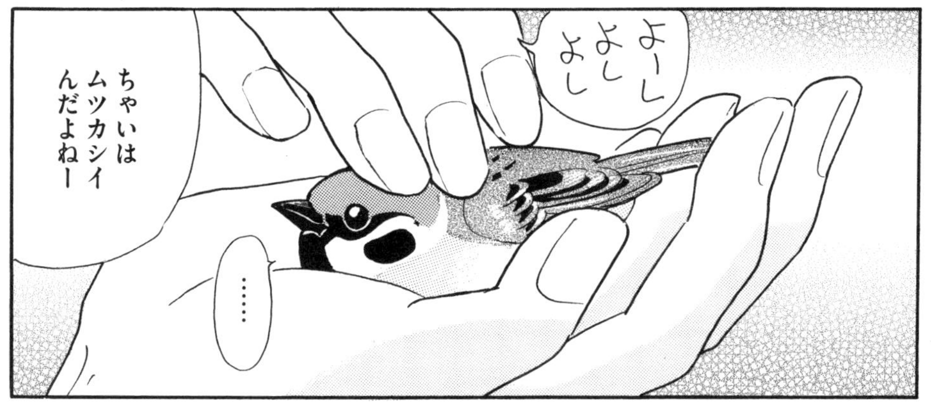
よーしよしよし
ちゃいはムツカシイんだよねー
……

何が違うんだよ~
いててていてて
かみかみ
ちゃいを上手になでられるのは私だけ
ちゃいのなでなで要員

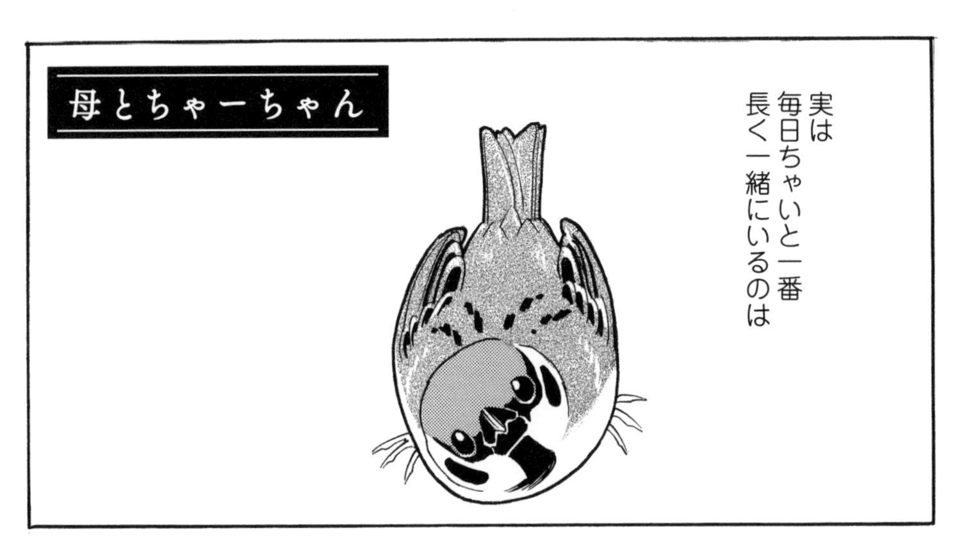
母とちゃーちゃん
実は
毎日ちゃいと一番
長く一緒にいるのは

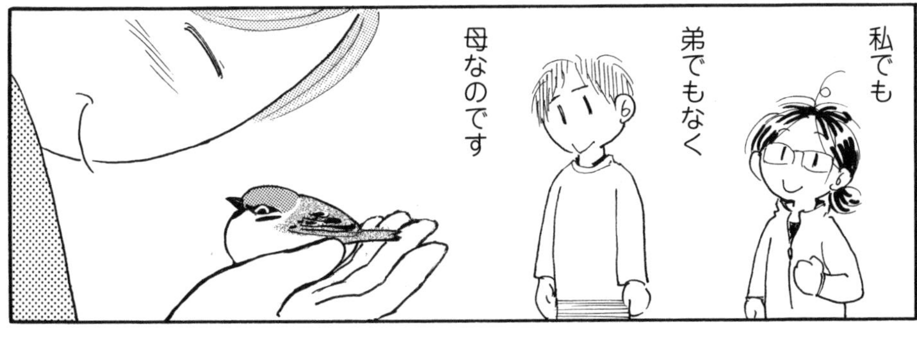
私でも
弟でもなく
母なのです

私も弟も
バタバタ
出入りしてる
から…
仕事場
仕事場
撮影
準備!
打ち
合わせ!
モデル犬
見てくる!

少し認知症がある母と
ちゃいが2人の時
何をしているかは
誰も見てない時の まほう
想像の域を出ませんが

夕方の4時に
いったん家に
戻ると
ちゃいは
たいてい母に
くっついています
お帰り

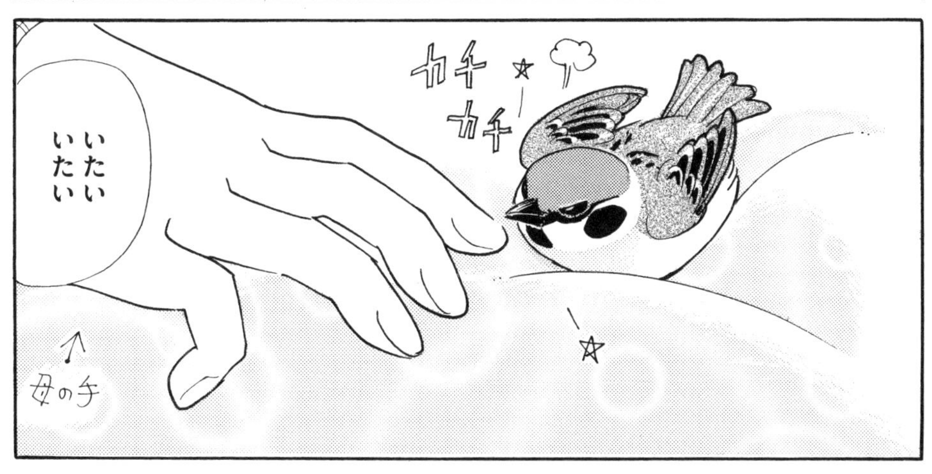
カチ
カチ
いたい
いたい
母の手

手をこの上に出すと怒るのよー
カチカチ
なに？

ふかふかのひざ掛けはちゃいのお気に入りで
時々とっぷりはまって寝てるので
羽毛ラグ…

母の手を許さないらしいのです

もっとはじっこにいなさいよ
ここじゃなくって
このへんとか
ぢゃっ

母の頭には時々
乾いたフンが
1コ2コ…
♪～

…ちゃい よく
かーちゃんの頭に
乗っているよね
ティッシュ
ふき
ふき

私の頭には
あんまり
乗らない
よね…
しかられ
そうだし…

——ちゃい目線では多分——

このひとは
やさしくって

たすけて
くれた
えらいひと

このひとは
あそんで
くれるけど
ちゃっ!?
ちゃいー
おいでー
ぢっ
じたばた
かっわいい～♡
すりすり
いきなり
つかまえ
たりする
なぞのひと

ぱたぱた
そして
この
ひとは

いつも
いっしょに
いてくれて
いたい
いたい

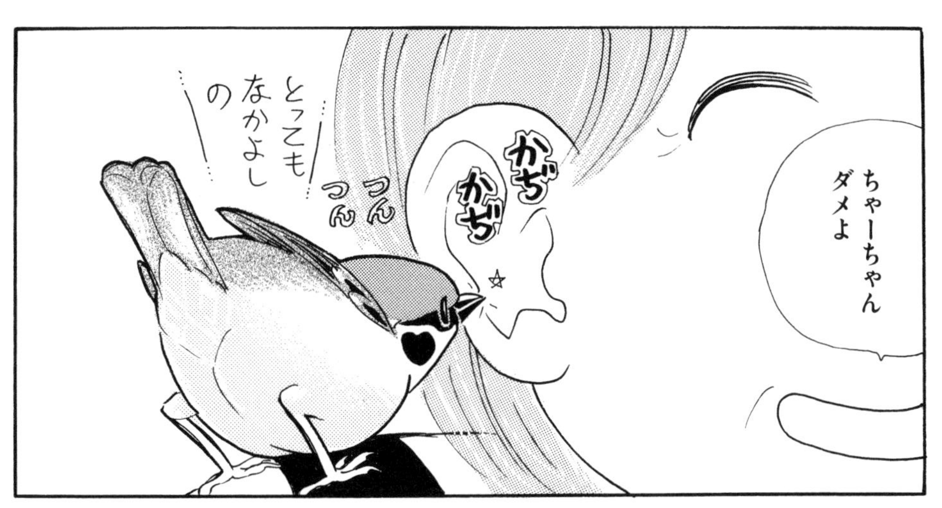
ちゃーちゃん
ダメよ
かぢ
かぢ
つん
つん
とってもなかよしの

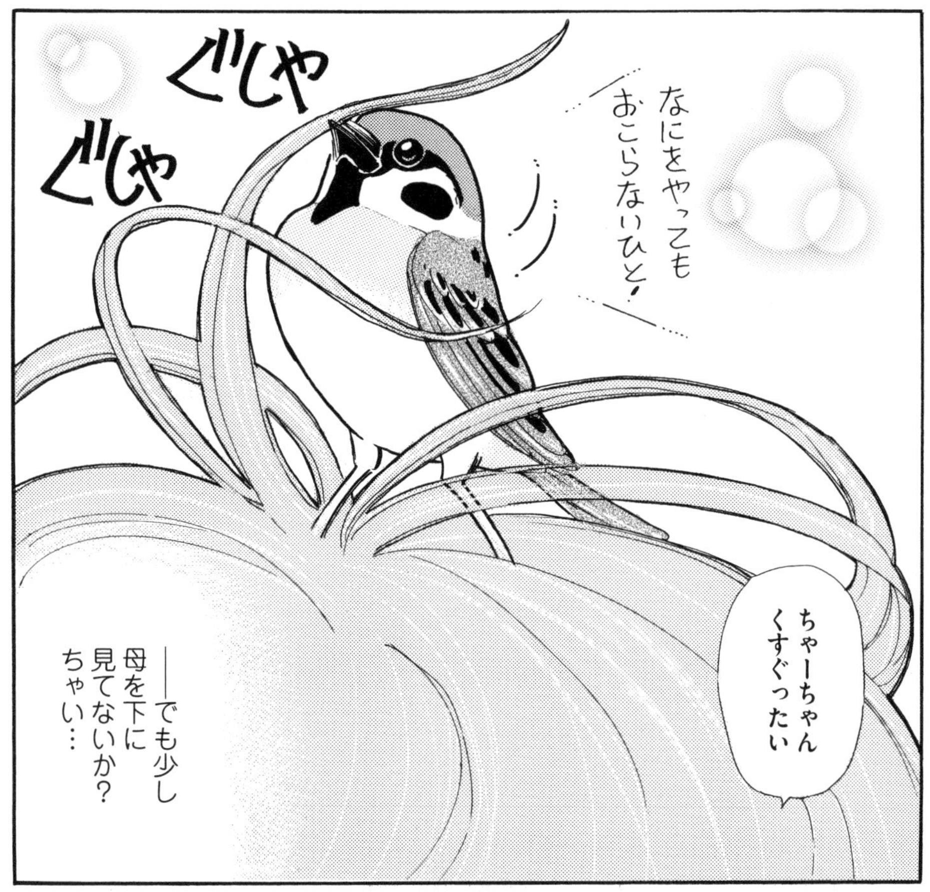
ぐしゃ
ぐしゃ
なにをやってもおこらないひと！
ちゃーちゃん
くすぐったい
――でも少し母を下に見てないか？ちゃい…

ちゃい効果

母はひとりぼっちが嫌いです

たとえ1時間でも1人にはなりたくないみたいです

認知症になってしまってからは新しいことを始めるのもおっくうがり

家事も放棄しました…

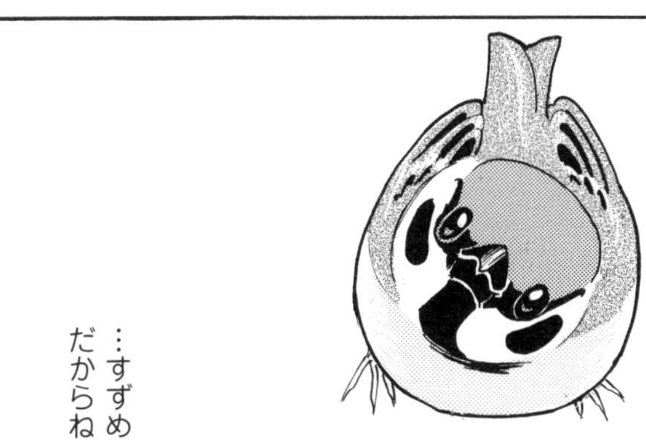
ちゃいも
ひとりぼっちが
嫌いです
…すずめ
だからね

ちゃいがいてくれるおかげで
寂しがり屋同士
うまくやってる
みたい…

以前は母を
1人にするのが
不安でしたが
ぢちゃっ!
今はちゃいが
一緒なので
少し安心です
行って
らっしゃい
ちゃい!
母ちゃんを
よろしくね
母ちゃん!
ちゃいを
よろしくね

…しかし
それだけではなく
母の変化に
私はしばらく
気づきませんでした

——ある日
本が
読みたい
図書館に
連れてって

以前は連れて
行っても
つまらないって
言ってたのに!
お菓子の本
借りよっか
いらない
ケーキ

自分から
言いだす
なんて
ビックリです
分野別
大活字
文学
大活字
これ借りる

ぢゃっ！
あら ちゃーちゃんも読むの？
ガチャ
ただいまー
お帰りー
わー かーちゃん ちゃい 止めて！
つん つん

気がつけばこのごろ
夕食の支度も
材料とメモを
用意すれば
肉じゃが
肉
玉ねぎ
じゃがいも
しいたけ
しらたき
だし
母の得意料理↗

かなりの確率で
作ってくれるし
昔の味だぁ
すっごく
おいしい
玉ネギと
しいたけ
入ってないケド…

食器も洗ってくれます
じゃ〜
助かるー
アリガト
ちょこと洗えて
ない時も…
ぬるっ

終わった日は
忘れないように
カレンダーに
×つけるの!
2 FEBRUARY
へ〜
いいアイデア
だね!

スゴイよ かーちゃん!
ひょっとして認知症治ってきた!?
×ついてるから今日は月曜日ね!
日曜だよ~
いえ治ったわけじゃないですが…
今日まで×つけちゃったの~?

でも…いろいろやる気出てきたよね!
なぜだろう…?
今日はげつようび…

そうか
全部ちゃいが
来てからだ！
「セラピーバード
ちゃい」だね！
母ちゃんのやる気
引き出すんだね！
ちゃか
ちゃか
…偶然
じゃないの？
ちゃーちゃん！
ギャッ
ちゃーちゃん？
ギャ
ギャッ
母とちゃいは
時々
呼び合ってます

本当に
ちゃい効果なのか
どうかは
わかりませんが
いい子だねー
可愛いねー
一緒に
いるだけで
母はちゃいが
可愛くって
楽しくって
それだけは
確かです

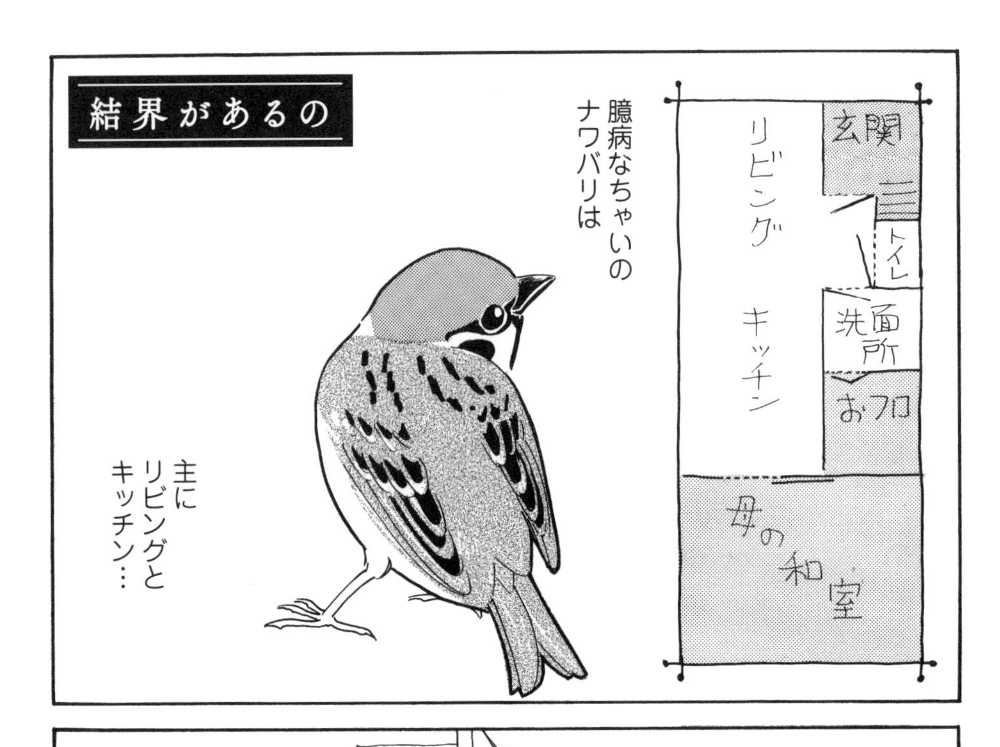
結界があるの
臆病なちゃいの
ナワバリは
主に
リビングと
キッチン…
玄関
トイレ
洗面所
お風
リビング
キッチン
母の和室

トイレにも
時々お供で
入ります
こらこら
洗面所も
わりと好き♡
水浴びもさせて
もらえるしね
カガミも好き

でもキッチンの奥の
母の和室には
絶対に
入りません

大掃除の時とか
数回ケージに入れて
閉じ込めたせいかなぁ…
ばた ばた
ばた
ばた
ばた
2時間くらい…

ちゃいを連れて入ろうとしても

直前で逃亡
ぱたた

…でも一緒に
いたいんだよね
ぢゃっ…
…し

おいでー

…ムリ…

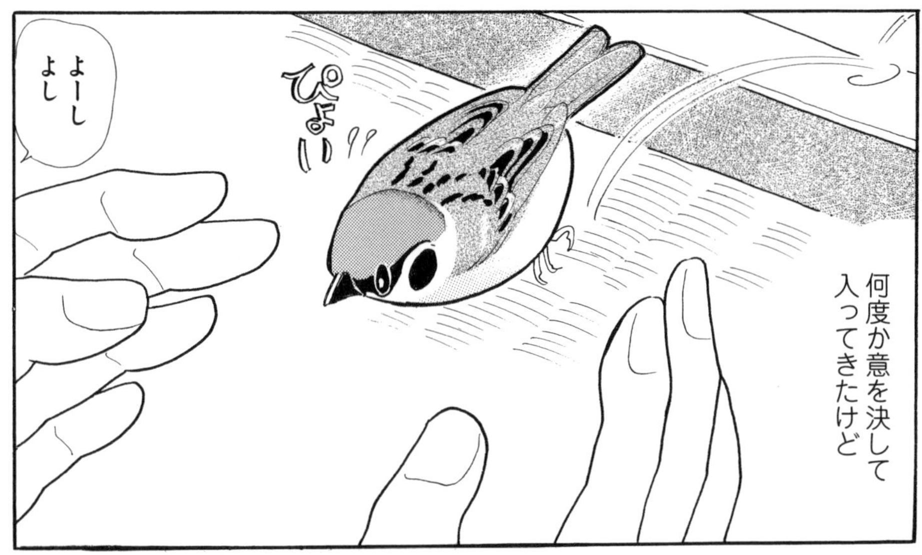
何度か意を決して
入ってきたけど
ぴょい
よーし
よし

20㎝が限界！
ばささっ
あらま
とん
20cm

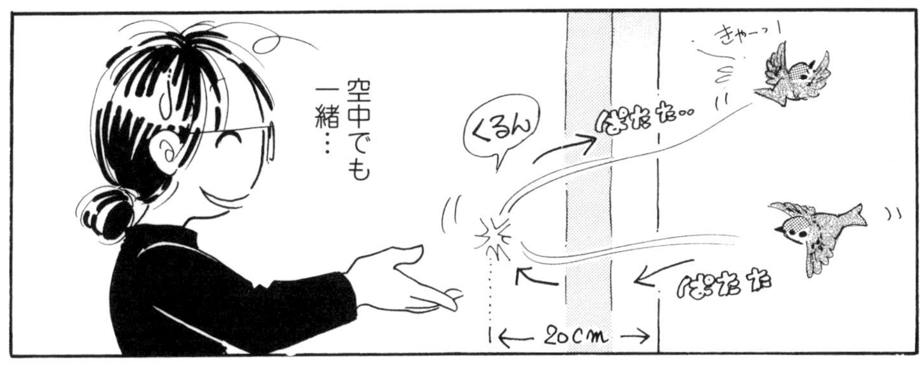
空中でも一緒…
きゃーっ！
ぱたた…
くるん
ぱたた
20cm

なに？ここが結界？
…うん
入っちゃいけないの？

いつも開いているのに入らない…
ちゃいを怯えさせる母の和室です

ある日、すずめがやって来た。

母の肩に乗って

仕事場で
おやつ中に…
ぢゃ
ぢゃっ!

ちゃい?
いや…ちゃいは自宅…

まさかちゃいに何かあった?
…ら電話来るよね…
今日は弟いるし…
気のせーだよね

―でもその夜帰宅すると
ちゅんっ!
今日ちゃい大変だったんだよ

今日人が来た時さ
ごめんくださーい
……かーちゃん出て
はいはい
わー肩!肩!
ちゃいが乗ったまま!
ちょっと待ってくださいねー
ガチャ★

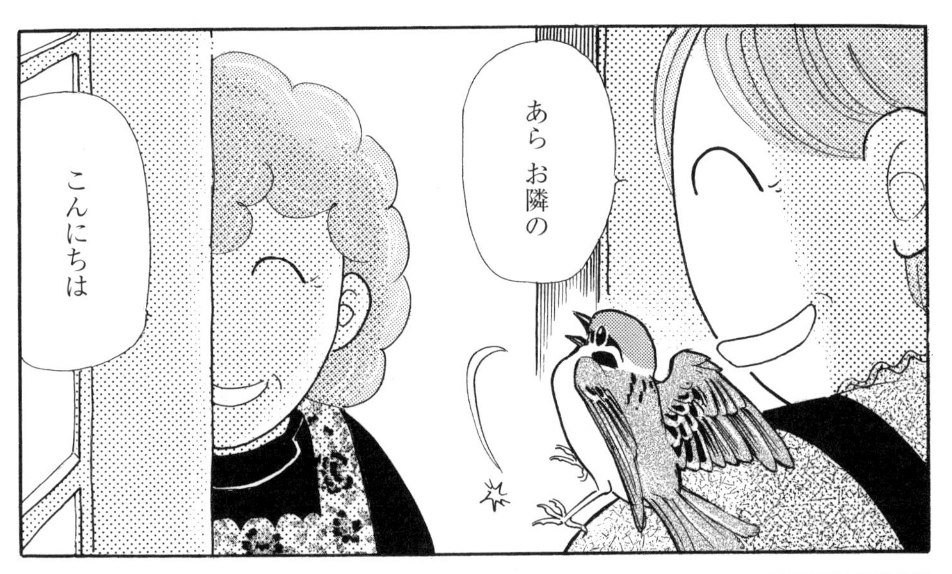
あら お隣の
こんにちは

ぱ

バババッ
ちゃい！
ぱたぱたぱたぱた
まぁ
おいしそうな
きんぴら
作りすぎ
ちゃったのよー

どっちへ
行った?
ぱた
ぱた
2階は
はじめて
なのに…

ぶん
ぶん
ぱた
ぱた
ぱた
いた
パニクってる
ぜー
ぜー

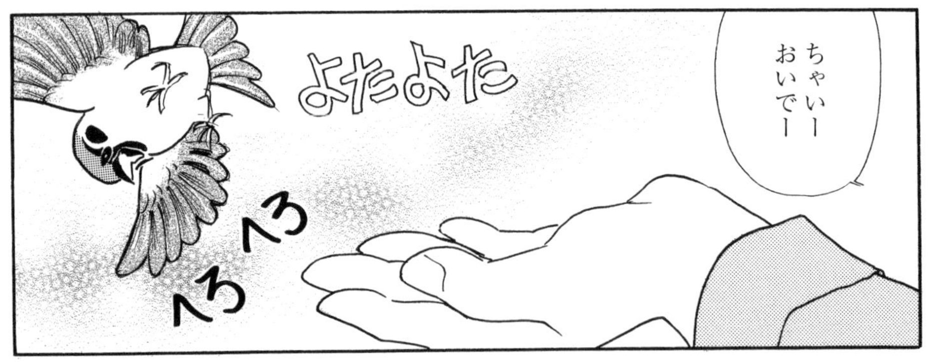
ちゃいー
おいでー
よたよた
へろへろ
へろ

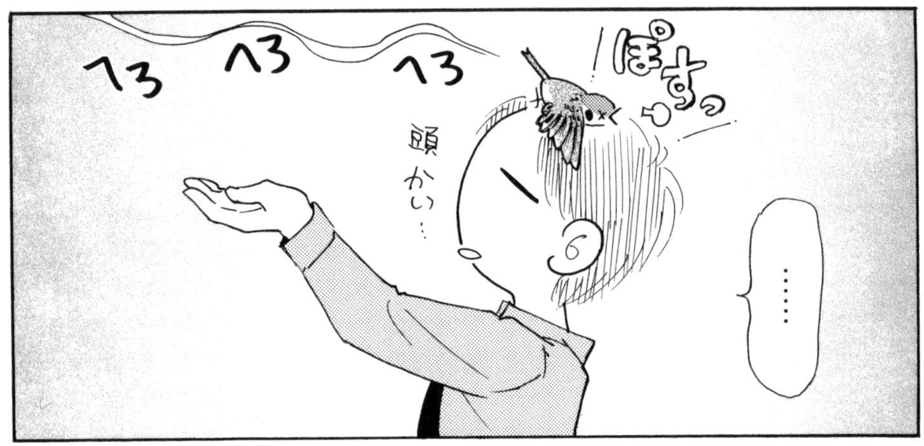
へろ へろ へろ
ぽすっ
頭かい…
……

えそれって
何時ごろ?
時間まで
見てないよ
もしや
ちゃいの声
聞いた時
HELP!
お前
助けを
求めてたの?
……

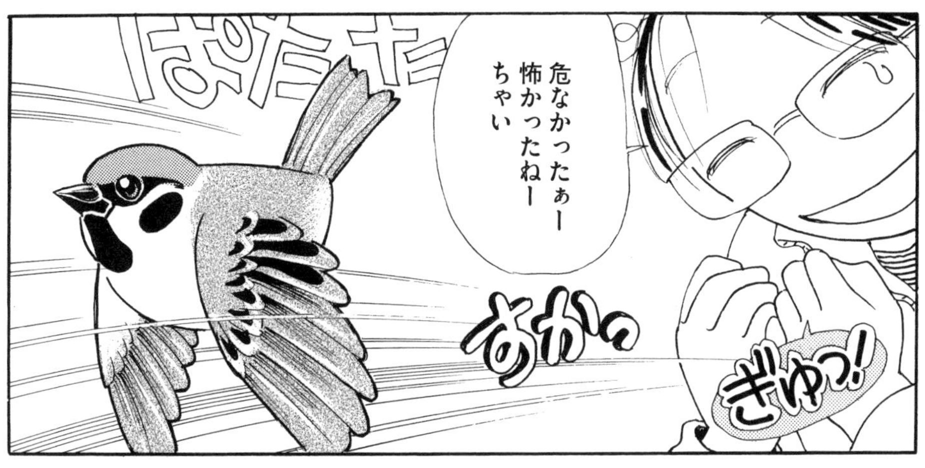
ばたた
危なかったぁー
怖かったねー
ちゃい
ぎゅっ!
すかっ

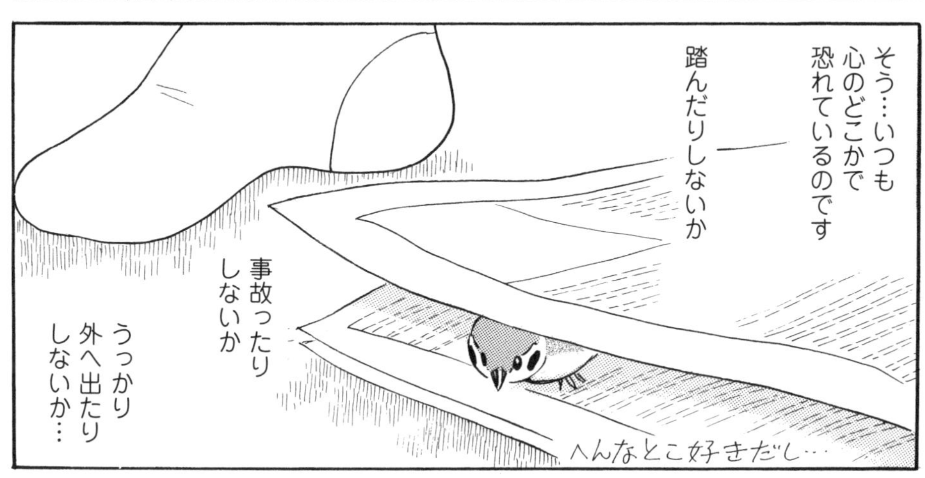
そう…いつも
心のどこかで
恐れているのです
踏んだりしないか
事故ったり
しないか
うっかり
外へ出たり
しないか…
へんなとこ好きだし…

…でもちゃいは
保護すずめ
飼い鳥では
ありません

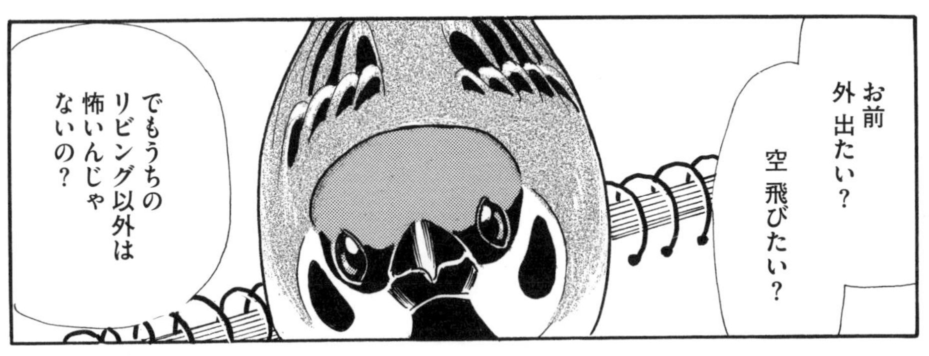
お前
外出たい？
空飛びたい？
でもうちの
リビング以外は
怖いんじゃ
ないの？

…いつか大空へ
飛び立ってしまうの
でしょうか…
また母の
肩に乗って…

…そんな
別れ方は
やだからね
ぢゃっ
？

で出口に
玉のれん
設置！
じゃら…
ぱたぱた

時間よ止まれ

朝
起きたての
ちゃいは
ぼんぼんふくふく
ふっくらすずめ
弟が作ったごはんを
何粒か食べて

元気いっぱい
飛びまわります
ぱた
ぱた
忙しい
忙しい
せんたくもの

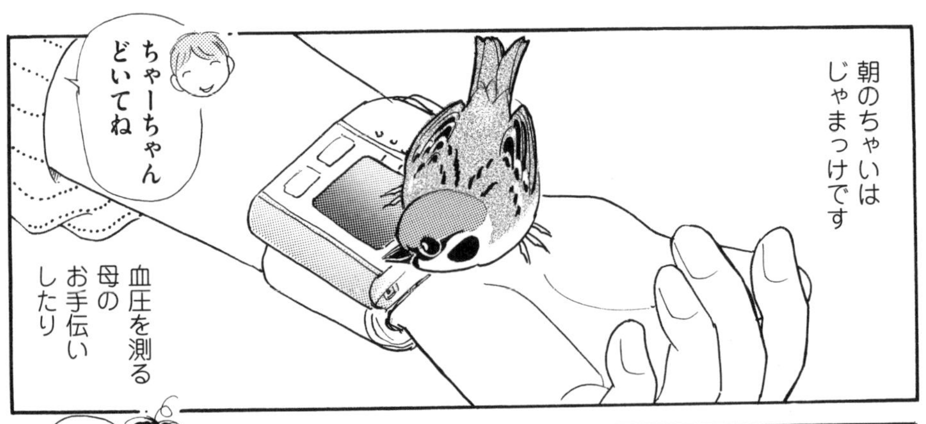
朝のちゃいは
じゃまっけです
ちゃーちゃん
どいてね
血圧を測る
母の
お手伝い
したり

新聞広告を
チェックしたり
めくれないいん
ですけど…

そして……
うずうず
いただき
まーす

ぱさっ
あ
…おはし持てないんですけど…
左手にいてくれれば食べやすいんだけどなー
つるん
不器用
たっ…食べられない

ホラ左手に

カチ
カチ
……いやかい

ちゃーちゃん
いつも朝は
淳のところ
行くのね
…あんまり
一緒にいない
からかなー
ぎゅっ！

ごちそう
さま
よっこらしょっと

これも
片して
いい？
うん
はぐはぐ
↑
犬食い

片付け
なくって
ごめんな
さーい
フリーズ状態

ちゃい持ってたら
動かなくて
いいんだよ
ちゃーちゃんは
うちで一番
偉いのよねー
——そして朝食の後の
ひととき…
あーあ…
寝ちゃった…
おーい…
今起きた
ばっかりでしょー
ぐっすり…

気がつけば
徹夜疲れの
弟も

『居眠りはしない』と
断言している母も

Z
Z
わ…
私以外みんな
眠ってる…
あら〜…
Z

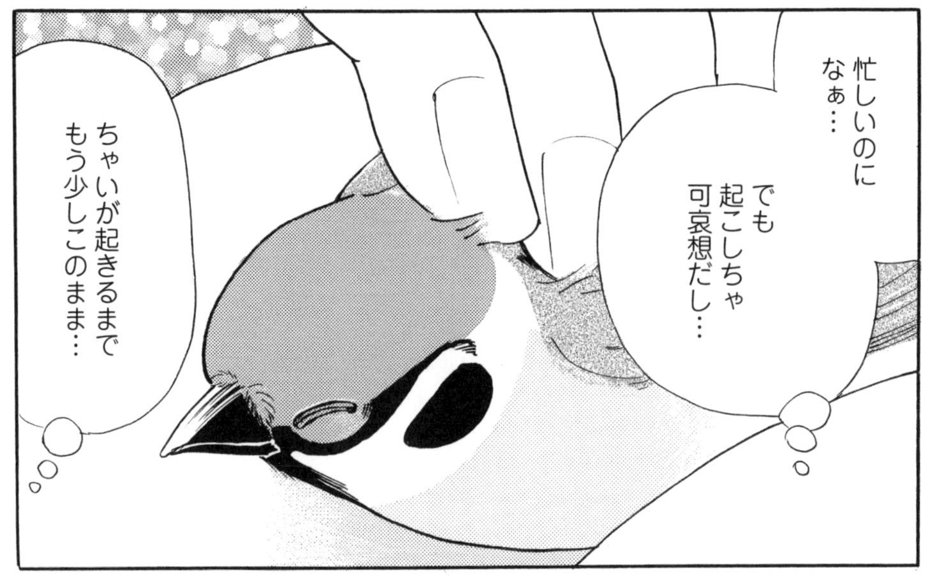
忙しいのに
なぁ…
でも
起こしちゃ
可哀想だし…
ちゃいが起きるまで
もう少しこのまま…

ちゃいは突然
うちにやってきて
いつのまにか
みんなの支えに
なってしまった…
このはかないほど
小さな命が
どれだけの
明るい光を私たちに
届けてくれただろう…

若くはない一家と
小さなすずめ
危ういバランス…
こんな状態が
長く続かないことは
わかっているけれど
どうぞもう少し
この小さな幸せが
続きますように

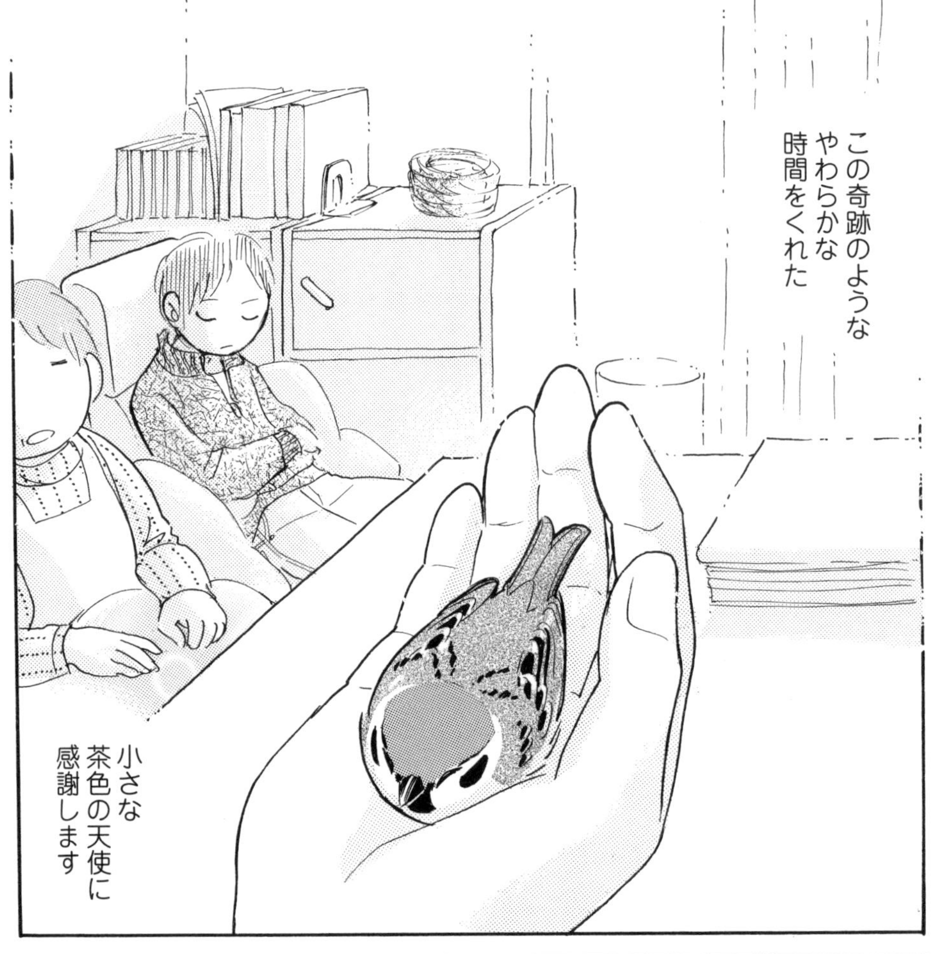

—おわり

ある日、すずめがやって来た。

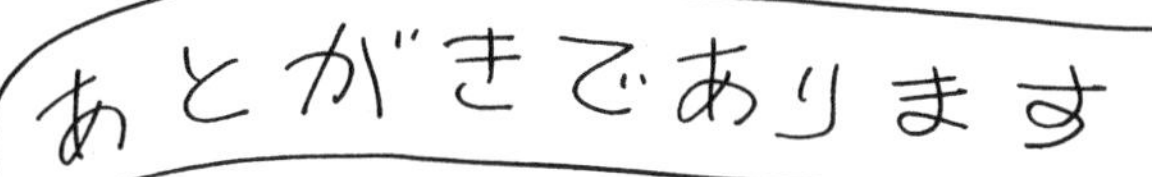

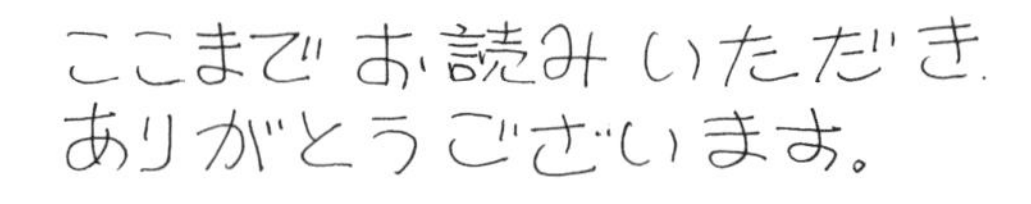

…初めての1冊丸々描き下ろしのエッセイマンガ!…いつも描いてるものとは少し勝手が違いましたので至らないところも多々あるとは思いますが、楽しんでいただけたらと思います。

…いきなりではありますが、残念ながらすずめのちゃいは、7月2日に外へ飛び立って行きました…
いつもちゃいが外を眺めていたガラス戸の、普段は閉まっている網戸が、うっかり開いていたそうです。
…いつかはこんな日が来るかもしれないと思ってはいましたが、やはりショックであります。…捜し回っても、外のすずめはみんなちゃいに見え、呼んでも来る子はいませんでした…。

すずめは野鳥…だからこれが正しいと言われそうですが…。

幸せに生き延びてくれていることを祈るばかりです。

…その時、このマンガは仕上げ作業の、トーン貼りに入っておりました。いろいろなことを考えていたので、ちゃいのトーンを貼るのは、少々辛かったです…。

でも、このちゃいとの日々をマンガという時間と空間の中にとじることができたのは、